公安标准化及社会公共安全行业产品质量监督

（2013 年）

公安部科技信息化局　编

群众出版社

·北京·

图书在版编目（CIP）数据

公安标准化及社会公共安全行业产品质量监督年鉴.2013年 / 公安部
科技信息化局编.—北京：群众出版社，2014.8
ISBN 978 - 7 - 5014 - 5272 - 9

Ⅰ.①公… Ⅱ.①公… Ⅲ.①公安工作 – 标准化 – 中国 – 2013 – 年鉴
②公共安全 – 安全设备 – 产品质量 – 质量监督 – 中国 – 2013 – 年鉴
Ⅳ.①D631 – 65②X924.4 – 54

中国版本图书馆CIP数据核字（2014）第184094号

公安标准化及社会公共安全行业
产品质量监督年鉴（2013年）

公安部科技信息化局　编

出版发行：群众出版社
地　　址：北京市丰台区方庄芳星园 3 区15号楼
邮政编码：100038
经　　销：新华书店
印　　刷：北京通天印刷有限责任公司

版　　次：2014年 9 月第 1 版
印　　次：2014年 9 月第 1 次
印　　张：12
开　　本：889毫米×1194毫米　1/16
字　　数：302千字

书　　号：ISBN 978 - 7 - 5014 - 5272 - 9
定　　价：98.00元

网　　址：www.qzcbs.com
电子邮箱：qzcbs@sohu.com

营销中心电话：010 - 83903254
读者服务部电话（门市）：010 - 83903257
警官读者俱乐部电话（网购、邮购）：010 - 83903253
公安综合分社电话：010 - 83901870

编写人员

丁宏军　马晓东　王　新　王　雷　王　凡　王　菁

王鹏翔　方　遒　龙　源　东靖飞　卢玉华　冯　伟

闫建华　孙　非　孙玉丽　孙晓晶　李佩华　杨玉波

杨　林　杨震铭　吴　恒　吴丽英　余　威　张　浩

张金山　张　铮　陆曙蓉　陈　学　陈敬华　金义重

屈　励　胡　锐　胡志昂　施巨岭　葛百川　蒋庆生

蒋雪梅　程道彬　焦贺娟　鲍逸明　潘汉中

目 录

第一篇 综 述 ·· 1

  第一节 标准化工作 ··· 1

  第二节 检验工作 ·· 4

  第三节 认证工作 ·· 6

第二篇 大事记 ··· 8

第三篇 标准篇 ··· 16

  第一节 标委会机构建设情况 ··· 16

  第二节 标准制修订情况 ··· 20

  第三节 2013 年标准概览 ··· 32

  第四节 2013 年标准制修订项目计划 ··· 51

  第五节 标准宣贯与培训 ··· 87

  第六节 重点领域标准化建设 ··· 91

  第七节 获奖标准介绍 ··· 94

  第八节 国际标准化活动 ··· 103

第四篇 检验认证篇 ·· 107

  第一节 2013 年产品检验情况 ··· 107

  第二节 2013 年产品认证情况 ··· 114

  第三节 检验机构建设及工作情况 ··· 137

  第四节 认证机构建设及工作情况 ··· 163

附 录 2013 年公共安全行业标准发布公告 ··· 180

第一篇　综　述

近年来，在公安部直接领导和国家质量监督检验检疫总局、国家标准化管理委员会、国家认证认可监督管理委员会的统一部署和相关行业部门的参与支持下，公安部科技信息化局紧密围绕公安业务，积极开展公安标准化及社会公共安全行业产品质量监督工作，不断加强标准体系建设、加大社会公共安全行业产品监督抽查力度、提升检验机构检验质量和认证机构认证水平，公安标准化及社会公共安全行业产品质量监督工作在规范公安业务和提高社会公共安全产品质量方面，发挥了越来越重要的作用，已经成为公安业务工作和公安科技发展战略的重要组成部分。

2013 年是公安标准化及社会公共安全行业产品质量监督工作取得较大成绩的一年。根据国标委"系统管理、重点突破、整体提升"的基本要求，公安标准体系及管理体制的适用性得到了较大程度的提高，标准的宣贯与实施及重点领域标准化建设取得长足进步，参与国际标准化活动稳步发展。在"抓质量、保安全、促发展、强质检"工作方针指导下，检测、认证、质量监督抽查等工作均取得较大的发展。

第一节　标准化工作

2013 年，公安部科技信息化局紧密围绕公安中心工作，按照国标委"系统管理、重点突破、整体提升"的基本要求，全面开展标准化工作，在标准体系建设、标准制修订、标准的宣贯与实施、重点领域标准化建设、标准化科研、参与国际标准化活动等方面都取得了长足的进步和较大的突破。

一、公安标准体系建设日趋完善

2013 年，围绕标准体系建设这一标准制修订工作的重点，公安部科技信息化局对前期的标准体系建设工作进行了总结和分析。一是对公安标准体系进行了讨论，提出了修改建议和意见，同时在充分酝酿、广泛研讨的基础上，组织编写并发布《公共安全行业标准体系表编制规则》（GA/T 1136－2014），推动了公安部各标委会完善和优化各自的标准体系；二是经汇总分类、比对查重、专家评审、征求意见等工作程序，在487个申报项目中最终确定310个项目列入《2013年度公共安全行业标准制修订项目计划》；三是经各方共同努力，由公安部批准发布公共安全行业标准112项，由公安部报批、国家标准委发布公共安全行业国家标准17项，由公安部主导起草、IEC发布国际标准1项；四是对2008年发布的145项和2003年发布的1项共计146项公共安全行业标准进行了复审，予以废止12项。

二、标准宣贯与培训工作的质量整体提升

2013年，为增强公安机关及标准使用单位的标准化意识和提高标准执行水平，部科技信息化局积极谋划和创新标准宣贯与培训工作机制。一是精心选择和优化设置培训内容，既有标准、质量管理的宏观概念和理论，又有标准条文的释义；既有行业技术发展规划，又有地方业务管理部门的实践经验；既有生产企业的贯标情况，又有相关质量监督检验程序规定；做到围绕标准条文，将标准概念、公安质量监督管理、标准起草、产品检测等相关内容穿插其中，对公安标准化工作进行了系统阐释。二是设置现场提问和答疑、实物展示和交流等互动环节，有助于参会代表深入理解和掌握培训内容，有助于下一步修订标准收集意见和建议，为行业企业更好地依据标准生产高质量的产品、管理部门开展相应的质量监督和规范化管理工作打下良好基础。三是组织召开公安国际标准化工作培训班，邀请外国专家讲授国际标准化工作最新形势、英文语言和文化习惯等内容，对推动公共安全行业标准国际化工作、培养国际标准化相关人才、完善公安标准英文专审机制具有重要指导意义。全年，部科技信息化局会同部各标委会共举办各类标准宣贯与培训会20余班次，参训人员达4000余人次。通过培训，调动了公安相关业务部门和相关产品生产单位"制标、贯标、执标"的积极性；搭建了以"标准"为中心，针对标准条文、产品生产和质量检测的交流平台；创新了标准化管理部门标准宣贯的工作新模式，为构建一套标准制修订、宣贯、执行、合格评定，以及持续改进的"闭环"工作机制，打下了扎实的基础。2013年，公安部各业务局及相关标委会组织了多个新标准的宣贯与培训。全年共组织大规模宣贯及培训9次，参加人员涉及地方主管部门、行业协会、生产企业、质检机构等相关人员。通过举办标准的宣贯及培训，使相关人员充分理解了标准的具体内容，为新标准的发布实施起到了很好的促进作用，同时也进一步增强了公安机关、质检机构及生产企业的标准化意识，充分发挥了标准的基础性、引领性和支撑性的作用，强化了"重标准、用标准"的工作理念，为普及标准化知识、促进公安标准化工作全面协调发展起到了很好的推动作用。

三、重点领域标准化建设取得新进展

2013年，部科技信息化局根据公安业务发展急需，会同有关单位积极开展重点领域标准化的研究工作，取得重要研究成果，为解决社会公共安全行业发展中的突出问题，推动公安业务工作发展作出了重要贡献。一是具有完全自主知识产权的《警用数字集群（PDT）通信系统　总体技术规范》（GA/T 1056－2013）等4项PDT标准的发布，克服了模拟集群存在的频谱利用率低、系统容量小、业务功能单一、安全保密性差等不足，打破了国外知识产权壁垒，为公安无线专网

发展提供了强有力的技术保障。二是制定了《安防监控视频实时智能分析设备技术要求》（GB/T 30147－2013）、《安全防范视频监控摄像机通用技术要求》（GA/T 1127－2013）和《安全防范视频监控高清晰度摄像机测量方法》（GA/T 1128－2013）三项标准，为安全防范视频监控系统建设和智能化应用提供了重要的产品质量技术保障。三是大力推动"居民电动自行车物联网防盗系统"标准和"汽车电子标识"系列标准的研制，推进公共安全领域物联网快速发展，提升公共管理和社会服务水平。四是大力推进《公安机关机构代码编制规则》（GA/T 380－2012）的实施，以促进信息互认，达到信息共享、业务协同，不断提升公安信息化建设质量和发展水平。五是出台《细水雾灭火系统技术规范》，修订发布《消防通信指挥系统设计规范》和《火灾自动报警系统设计规范》，促进火灾探测、灭火系统和消防指挥技术的进步，为相关消防系统的更新换代提供技术依据。

四、标准化科研成效显著

科技进步需要创新驱动，创新发展则需要标准支撑，标准在科技成果转化应用中起到越来越重要的桥梁和纽带作用。由公安部天津消防研究所承担的质检公益性行业标准科研项目《用于灭火系统灭火试验的标准火源国家标准研究》按期完成全部科研任务，达到预期目标。在2013年度公安部科学技术奖评选中，2项标准获公安部科学技术奖二等奖，分别为行业标准《单警执法视音频记录仪》（GA/T 947－2011）和国家标准《气体灭火系统及部件》（GB 25972－2010）；4项标准或标准研究项目获公安部科学技术奖三等奖，分别为国家标准《消防应急照明和疏散指示系统》（GB 17945－2010）以及"公安交通指挥系统建设关键标准研究"、"典型交通管理非现场执法装备标准研究"、"信息安全产品分类及其紧缺产品技术标准"等标准研究项目。通过在评选科学技术奖励中提高标准化工作的分量，将标准与科技紧密结合在一起，充分说明科技创新与技术标准正在融为一体，标准化已成为科技创新的有力推手。

五、参与国际标准化工作取得新突破

2013年，在国家标准委的领导和支持下，公安部参与国际标准化活动能力不断增强，威望不断提升，与国际标准化组织及其成员国建立了密切的合作关系，实现有效沟通与合作。一是牵头制定的国际标准《报警系统－安防应用中的视频监控系统－第3部分：模拟数字视频接口》（IEC 62676－3）于2013年7月22日作为国际标准由IEC发布；二是正在主导起草的国际标准7项，参与制修订国际标准20余项，向国际标准化组织提交的2项泡沫灭火系统国际标准制定项目提案，经ISO/TC21各成员国投票表决，获得通过，得以成功立项；三是在公安部的努力下，IEC/TC79年会决定将楼寓对讲系统项目组升格为IEC/TC79/WG13楼寓对讲系统工作组，由我国专家任工作组组长。另外，我国专家还分别承担了ISO/TC21/SC6主席、秘书，IEC/TC79主席顾问等职务；四是公安部分别组团参加了国际标准化组织ISO/TC92/SC3、SC4消防安全工程，ISO/TC94/SC14消防员个人防护装备，ISO/TC21/SC2、SC3、SC5、SC6、SC8消防及消防设备等八个分技术委员会年会，参加了国际电工委员会IEC/TC79报警与电子安防系统年会及其各工作组会议和IEC/TC79主席顾问组（CAG）会议；五是回复IEC/TC79下发的委员会草案文件、调查问卷评论用文件、技术规范草案、委员会供

投票用草案、最终国际标准草案等 6 类共 19 项投票文件，翻译国际标准草案 6 项，翻译国际标准化相关文件 2 项，组织办理 21 项消防国际标准送审稿、48 项新标准项目建议和草案稿、16 项国际标准复审件的网上电子投票和意见回复工作，完成全部 15 项 IEC/TC79 流通文件的投票工作，根据中国 WTO/TBT 通报咨询中心的来函要求，办理欧盟，以及埃及、以色列等国家和地区 9 项 TBT 通报的答复意见。

第二节　检验工作

2013 年，公安部所属的 15 家质检机构在科技信息化局和相关业务局的领导下，开拓进取、抓住机遇、迎接挑战，依据《中华人民共和国产品质量法》和《中华人民共和国计量法》以及相关产品技术规范、国家标准、行业标准等，在国家认证认可监督管理委员会和中国合格评定国家认可委员会批准的资质能力范围内，积极开展消防、安全技术防范、特种警用装备、交通安全、刑事技术、信息安全、计算机安全、警用通信、防伪技术等领域产品的检验。与 2012 年相比，各质检机构的资质能力范围大幅提升、机构建设更加健全、检测能力和水平进一步提高，各质检机构还根据自身的技术优势，承担大量的科研及标准制修订项目，使科学研究和检验技术互相促进、同步提高。同时，作为第三方检测机构，各质检机构始终贯彻"行为公正、科学规范"的检验理念，协助主管部门把好质量关，为客户提供优质、快速的服务，为"科技强警"、"平安城市"建设做好技术后盾，为我国安防行业的技术监督作出了重大贡献。

一、检测资质能力范围进一步扩展

2013 年，15 家质检机构不断扩大各自的检测业务领域，努力拓展资质能力，严格按照各自的实验室管理体系有效运行，均顺利通过了国家认证认可监督管理委员会和中国合格评定国家认可委员会的监督及扩项评审，检测能力和水平又迈上了新台阶，检测资质能力达到 1339 项，较 2012 年增加了 243 项。其中，公安部安全与警用电子产品质量检测中心 / 公安部特种警用装备质量监督检验中心 / 国家安全防范报警系统产品质量监督检验中心（北京）的检测资质能力达到了 369 项，检验类别涵盖质量监督抽查检验、仲裁检验、质量鉴定、司法鉴定、生产许可证检验、委托检验、型式检验、信息安全检查、科技成果鉴定检验等。另外，各质检机构还积极参加中国合格评定国家认可委员会的能力验证和测量审核活动，共计 15 项，结果均为满意。

二、机构建设更加健全

2013年，各质检机构不断加强实验室能力建设，购置先进仪器设备，提高人员素质，加强人员培训与团队建设，提升整体战斗力，扩大实验室规模，为检测业务的拓展奠定了基础。目前，15家质检机构共拥有仪器设备4735台（套），其中2013年新增674台（套）。职工总数677人，其中硕士研究生以上学历234人，占职工总数的34.5%。

三、检验业务大幅增长

2013年，各质检机构根据各自的技术优势，不断开拓创新，拓展新的检验业务，探索新的检测方向，提高检测能力，切实提高检测效率、技术能力和服务水平，实现检测业务大幅增长。全年未出现重大不符合和重大投诉事故，共出具检验报告57067份，比2012年的42769份增加了33.4%。其中，国家固定灭火系统和耐火构件质量监督检验中心2013年共出具检验报告13731份，较2012年增加了37.2%。

四、继续承担3C认证和型式认可工作

2013年，各分包和签约实验室继续协助中国安防认证中心和公安部消防产品合格评定中心，多次派员参加安防和消防产品的3C认证和型式认可工作，对3C认证产品企业进行现场监督。尤其是国家消防电子产品质量监督检验中心、国家固定灭火系统和耐火构件质量监督检验中心、国家防火建筑材料质量监督检验中心及国家消防装备质量监督检验中心，对3C认证和型式认可企业顺利完成了换证、发证及年度监督检查，还完成了第三批3C强制性认证消防产品的目录及实施规则，为下一年度第三批3C强制性认证消防产品目录的正式发布和认证规则的实施奠定了基础。

五、积极参加科研项目和标准制修订工作

2013年，各质检机构充分利用各自优势，积极参与各相关领域的科研项目及标准制修订工作，共参与国家级、部级等科研项目84项，参与国际、国家及行业标准的制修订项目115项，实现了科研带动检测，检测为科研提供技术支撑，二者相辅相成、相互促进的良好格局，为规范行业发展、提升公安行业的核心竞争力作出了贡献。

六、承担多种产品的质量监督抽查检测工作

2013年，各质检机构受公安部各业务局的委托，承担消防应急灯具、防火门、室内消火栓产品、单警执法视音频记录仪、警服、警鞋、警帽及警用服饰、痕迹勘查箱、道路交通信号灯等几十种产品的监督抽查检测；另外，受地方质量技术监督局及相关部门的委托，承担火灾报警产品、灭火器、防盗安全门、防盗保险柜（箱）及汽车防盗报警系统产品等多种产品的监督检测，为不断提高公共安全产品的质量水平、切实提高一线公安机关的执法水平提供了很好的技术支撑与服务。

第三节　认证工作

2013 年，公安部继续推进社会公共安全产品实施强制性认证和自愿性认证工作。在强制性认证方面，扩展消防产品强制性认证产品目录，完成因标准变更消防产品和道路交通安全产品的强制性认证证书换发工作，保持强制性产品认证工作平稳有效。在自愿性认证方面，服务公安业务管理，进一步扩大社会公共安全产品自愿性认证范围，强化对产品质量的监管。公安部继续通过通报方式，向公安机关定期通报社会公共安全产品认证结果信息，引导公安机关在采购警用产品过程中采信认证结果，识别和使用认证产品。在机构建设和规范化方面，继续通过国家认可、质量分析、行业产品质量监督抽查等方式提升所属认证和检验机构专业能力和认证工作规范化水平。在创新发展方面，制定技术规范，开展消防产品技术鉴定工作，服务行政改革开展安全技术防范产品目录研究，为扩展安全技术防范产品认证范围打基础。

一、认证业务平稳增长

中国安全技术防范认证中心开展的强制性认证（CCC 认证）的社会公共安全产品包括安全技术防范、道路交通安全等 2 类，涉及入侵探测器、防盗报警控制器、汽车防盗报警系统、防盗保险柜、防盗保险箱、汽车行驶记录仪、车身反光标识等 13 种产品；自愿性产品认证（GA 认证）包括安全技术防范、道路交通安全、刑事技术、警用通信等 4 类，涉及防盗安全门、防盗锁、呼出气体酒精探测器、道路交通信号灯、"502"指印熏显柜、警用多波段光源、警用活体指/掌纹采集仪、警用DNA 试剂、警用指纹识别系统、警用 350 兆通信设备等 10 种产品。截至 2013 年年底，保持有效的强制性认证证书 1442 张，认证企业 1006 家；保持有效的自愿性认证证书 195 张，认证企业 87 家，发放 GA 认证标志 50 余万个。

二、全面推进消防产品强制性认证工作

2013 年，按照公安部、国家认监委要求，公安部消防合格评定中心认真落实《消防法》，公安部消防产品合格评定中心完成了"落实《消防法》规定，全面推进消防产品强制性认证工作"的必要性、可行性论证工作。2013 年年底，全面拓展后的《消防产品强制性认证目录》及《消防产品强制性认证实施规则》（送审稿）通过了公安部、国家质量监督检验检疫总局及世界贸易组织的审查。将强制性产品认证目录拓展至具有国家标准、行业标准的所有消防产品，共计 15 大类 2 万余个规格型号，156 个国家或行业标准的消防产品被正式纳入强制性认证制度，标志着我国消防产品市场准入工作真正迈入了以强制性产品认证为主体的发展阶段。

三、建立并有效实施技术鉴定等消防产品市场准入制度

根据公安部、国家认监委的授权，对于尚无国家标准和行业标准的各类消防产品，开展技术鉴定市场准入工作，实现了全面实施《消防法》规定的消防产品市场准入制度的工作目标。根据公安部、国家认监委2012年12月颁布实施的《消防产品技术鉴定工作规范》，由公安部消防合格评定中心承担消防产品技术鉴定工作。公安部消防合格评定中心组织来自公安消防部门、质量监督部门、消防产品生产企业，消防工程设计、施工及维修等单位的有关专家，研讨制定并颁布实施了《消防产品技术鉴定工作规程》、《消防产品技术鉴定专家委员会工作指南及管理办法》、《消防产品技术鉴定作业指导书》、《消防产品技术鉴定工厂检查指南》、《消防产品技术鉴定型式试验基本要求》、《消防产品技术鉴定一致性控制要求》、《获得技术鉴定证书的消防产品跟踪管理要求》等规范性文件；2013年1月1日，"消防产品技术鉴定网上业务系统"正式开通，为"公平、公正、科学、规范"地开展消防产品技术鉴定工作奠定了基础。2013年12月26日，中国首张《消防产品技术鉴定证书》颁发。

四、强化证后监督，有力保障人民生命财产安全

公安部消防产品合格评定中心建立了"运用消防产品身份信息管理系统，以使用领域产品一致性检查为主模式"的消防产品证后监督机制，有效遏制、打击了消防产品制假售假、以次充好等违法行为。2013年度，公安部消防产品合格评定中心共派出检查人员9000余人次，对涉及所有认证产品范畴的2000余个建设工程、2700余个获证企业进行了飞行检查，暂停及撤销证书数量达1200余张，有关使用单位更换了5万套（件）以上不符合质量要求的消防产品，有力地保障了人民生命财产安全。

第二篇 大事记

■1月1日，公安部政府网站"中国消防产品信息网"开通"消防产品技术鉴定市场准入受理平台"，中国消防产品技术鉴定工作正式开展。

■1月10日－11日，全国消防标准化技术委员会消防员防护装备分技术委员会（SAC/TC 113SC 12）一届五次会议在湖南长沙召开。

■1月21日，为提高公安标准英文质量，经公安部科技信息化局和公安部第一研究所批准，公安部技术监督情报室成立公安标准英文专审组，专职负责对公安标准中的英文内容的准确性进行审核。

■1月31日，由国家发改委指导，公安部主办，国家安全防范报警系统产品质量监督检验中心（上海）承办的2012年国家下一代互联网信息安全专项产品测试工作总结会暨2013年国家信息安全专项产品测试工作启动会在北京大方饭店召开。国家发改委、公安部、工业和信息化部、安全部、质检总局、密码管理局有关领导出席了会议，有62家共130余名信息安全企业代表参加了会议。

■2月18日，全国安全防范报警系统标准化技术委员会（SAC/TC 100）秘书处完成对三项国际标准文件79/395/CDV《IEC 62676－4 报警系统－安防应用中的视频监控系统－第4部分：应用指南》、79/401/CD《IEC 60839－11－2 报警系统－电子出入口控制系统－第11－2部分：应用指南》和79/407/DC《IE C62820 报警系统－楼寓对讲系统通用技术要求》的投票工作。

■2月28日，发布《关于发布公共安全行业标准的公告》，对2012年公安部发布的172项公共安全行业标准进行了发布。

■2月28日，公安部交通管理局下发《关于印发〈道路交通信号和交通技术监控设备排查治理方案〉的通知》（公交管［2013］65号），要求各级公安机关交管部门从3月1日开始到2013年年底，按照《道路交通标志和标线》（GB 5768－2009）、《道路交通信号灯》（GB 14887－2011）、《道路交通信号控制机》（GB 25280－2010）、《道路交通信号灯设置与安装规范》（GB 14886－2006）、《城市道路信号控制方式适用规范》（GA/T 527－2005）、《道路交通信息监测记录设备设置规范》（GA/T 1047－2013）、《道路交通安全违法行为图像取证技术规范》（GA/T 832－2009）等技术标准，对交通标志标线、交通信号灯、技术监控设备等方面问题进行排查。

■ 2月28日，公安部消防产品合格评定中心根据国家认监委关于《认证机构履行社会责任指导意见》和相关规定要求，向社会公告履行社会责任情况。

■ 3月4日，按照公安部、国家质量监督检验检疫总局、国家工商总局联合下发的《关于开展消防产品质量专项整治工作的通知》（公通字〔2013〕5号），公安部消防产品合格评定中心在消防产品生产领域内组织开展为期三年的产品质量专项整治活动。

■ 3月12日 - 13日，全国消防标准化技术委员会在北京召开了2013年消防标准制修订计划项目论证会。公安部消防局相关业务处、消防产品合格评定中心、各部属消防研究所负责人，各消防标准化分技术委员会秘书长，以及中国人民武装警察部队学院的有关专家，共30余人参加会议。

■ 3月20日，由公安部通信标准化技术委员会归口的《警用数字集群（PDT）通信系统总体技术规范》、《警用数字集群（PDT）通信系统空中接口物理层及数据链路层技术规范》、《警用数字集群（PDT）通信系统空中接口呼叫控制层技术规范》和《警用数字集群（PDT）通信系统安全技术规范》四项标准正式发布。

■ 3月24日 - 27日，公安部交通管理局在无锡举办道路交通信号和交通技术监控设备排查治理工作培训班，宣传贯彻国家标准《道路交通信号灯》等标准。

■ 3月26日，公安部技术委员会批准发布强制性行业标准《消防产品一致性检查要求》（GA 1061 - 2013）（公安部消防产品合格评定中心主编）。

■ 3月26日 - 4月12日，为抓好国务院46号文件的贯彻落实，公安部消防局派工作组分别赴北京、上海、湖北、广东、重庆、辽宁等地调研督导大城市制定更加严格的消防安全标准试点工作，并分别召开了工作推进座谈会。

■ 3月26日 - 27日，全国安全防范报警系统标准化技术委员会生物特征识别应用分技术委员会（SAC/TC 100/SC 2）第二届委员会成立大会暨二届一次会议在京召开。

■ 3月27日，由国家安全防范报警系统产品质量监督检验中心（上海）申报的国家重大科学仪器设备开发专项课题"光纤分布式振动测试仪在周界安防技术中的应用"启动大会在复旦大学召开。

■ 3月28日，警标委原主任委员陶军生同志退休，按国家标准化有关管理规定，并经部装备财务局和科技信息化局批准，任命蒋苏林副局长担任警标委主任委员，陶军生同志转任警标委特聘专家。

■ 3月，国家道路交通安全产品质量监督检验中心建成交通管理软件检测实验室，并开展机动车驾驶人考试系统软件检测工作；10月底前逐步完成视频监控系统、车检线联网系统等共8个系统测试平台的搭建工作，12月通过中国实验室合格评定国家认可中心派遣专家的现场评审。2013年完成机动车驾驶人考试系统软件等检测任务99项。

■ 3月，中国安全技术防范认证中心在北京和上海举办了工厂检查组长培训班，加强工厂检查员队伍规范化建设。

■ 4月1日 - 2日，《建筑材料及制品燃烧性能分级》（GB 8624 - 2012）强制性国家标准宣贯会在四川省都江堰市召开。来自公安消防监督部门、合格评定机构、相关行业协会以及全国15个省、自治区、直辖市生产企业的代表共210余人参加了宣贯会。公安部消防局、全国消防标准化技术委员会、公安部四川消防研究所、四川省公安消防总队派员出席会议。

■ 4月9日，发布《关于2012年度社会公共安全产品质量行业监督抽查结果的通报》（公通字［2013］11号）。

■ 4月15日，根据《全国专业标准化技术委员会管理规定》，启动全国安全防范报警系统标准化技术委员会实体防护设备分技术委员会（SAC/TC 100/SC 1）第三届分技术委员会委员征集工作。

■ 4月16日 – 18日，IEC 62820《楼寓对讲系统通用技术要求》国际标准项目组全体专家会议在英国伦敦召开，我国派出五人代表团参加会议。

■ 4月，中央机构编制委员会办公室批复将公安部消防产品合格评定中心的事业编制由8个增加到58个，为中心的规范化建设及可持续发展奠定了坚实的基础。

■ 4月，公安部科技信息化局委托中国安全技术防范认证中心开展安全技术防范产品管理制度专项研究工作。

■ 5月8日，公安部技术监督情报室组织召开"公安装备技术标准试题库建设及在线考试系统开发"方案审查会。该项目由部装备财务局下达，对于提高公安装备管理人员的业务素质和标准化应用水平，提高警务保障能力和服务水平，进而全面推进"210工程"，促进公安装备规范化建设进一步发展具有十分重要的意义。

■ 5月15日，全国消防标准化技术委员会消防通信分技术委员会在沈阳组织召开消防物联网标准体系研讨会，相关消防部门专家、企业技术负责人及研究所技术骨干等28人参加了研讨会。会议讨论了消防物联网标准体系技术架构、消防物联网标准参考模型、消防物联网标准体系表等内容。

■ 5月22日，由公安部安全与警用电子产品质量检测中心主办的"公安装备新产品新技术交流中心"正式对外开放，率先在国内为各级公安机关技术、装备管理部门和基层公安民警搭建了一个直观了解公安装备新产品新技术的平台。作为促进行业技术交流的一种新尝试，交流中心工作得到了科技信息化局、装备财务局领导的大力支持和高度肯定，交流中心将以提升公安装备技术水平为目标，积极配合部相关业务局做好成果推广、新产品体验等工作。

■ 5月27日 – 30日，国家固定灭火系统和耐火构件质量监督检验中心在天津召开防火阻燃材料产品生产企业质量管理培训会议。

■ 5月，公安部治安管理局委托中国安全技术防范认证中心开展居民身份证阅读机具产品认证工作。

■ 6月4日，UL电线电缆全球业务发展总监 Basil Shamsid – Deen 一行到公安部安全与警用电子产品质量检测中心进行技术交流和访问。今后，双方将在安防系统用线缆产品及应用领域陆续展开实验室能力建设、线缆检测技术、线缆标准制修订、产品合格评定等合作。

■ 6月4日 – 6日，"全国公安机关机构代码管理与应用暨数据标准化培训班"在上海举办。

■ 6月18日，公安部科技信息化局召开2013年度公共安全行业标准制修订项目专家审查会，来自部属各标委会、院校，部内相关业务局及其他部委的标准化专家共60余人，分成9个专业组对317项经过初审的标准项目进行了评审。

■ 6月21日，由国家安全防范报警系统产品质量监督检验中心（上海）主办的"第二届全国信息安全等级保护技术大会"在安徽合肥隆重举行。

■ 6月25日，国家防火建筑材料质量监督检验中心通过中国合格评定国家认可委员会的扩项现场评审。

■ 6月，公安部特种警用装备标准化技术委员会三届三次全体会议在北京召开，公安部主管部门、相关单位的领导、警标委委员、通讯委员及特聘专家共230余人参加了会议。

■ 6月，中国安全技术防范认证中心通过了国家认监委检查组实施的年度强制性产品认证指定认证机构CCC专项监督检查。

■ 7月2日，公安部科技信息化局召开《公安标准化及社会公共安全行业产品质量监督年鉴（2012年）》审定会。

■ 7月2日－3日，国家固定灭火系统和耐火构件质量监督检验中心在天津召开《建筑外墙外保温系统的防火性能试验方法》（GB/T 29416－2012）标准宣贯会和《建筑材料及制品燃烧性能分级》（GB 8624－2012）标准研讨会。

■ 7月4日，全国消防标准化技术委员会向国际标准化组织提交的两项泡沫灭火系统国际标准制订项目提案，经ISO/TC 21各成员国网上电子投票表决，获得通过，得以成功立项。新国际标准项目名称分别为：《泡沫灭火系统　第3部分：中倍数泡沫设备》（ISO 7076－3），《泡沫灭火系统　第4部分：高倍数泡沫设备》（ISO 7076－4）。

■ 7月15日，公安部科技信息化局下达2013年度公共安全行业标准制修订项目计划，共计310项，较2012年的193项增加117项。

■ 7月24日，公安部科技信息化局向各省、自治区、直辖市公安厅、局，新疆生产建设兵团公安局发出《统一全国公安机关机构代码专项工作方案》。

■ 7月28日，公安部杨焕宁常务副部长与工业和信息化部苗圩部长共同签订推进公共安全物联网合作协议。

■ 7月29日，为推动《全国公安机关机构代码编制规则》（GA/T 380－2012）的实施，公安部科技信息化局和人事训练局联合组织召开了统一全国公安机关机构代码专项工作电视电话会议，部署统一全国公安机关机构代码专项工作。

■ 7月，公安部刑事技术产品质量监督检验中心顺利通过中国安防认证中心组织的资质评价。

■ 8月8日，国家防火建筑材料质量监督检验中心按部消防局公消〔2013〕227号文件的批复要求，中心成立工厂检查室，国防火建材检字〔2013〕011号文件，任命刘霖同志为工厂检查室主任。

■ 8月12日，公安部消防产品合格评定中心顺利通过了国家认证监管部门、国家认可部门组织的第十次监督稽查和认可评审。

■ 8月27日，公安部、国家认监委在北京组织召开"《消防产品强制性认证目录》暨《消防产品强制性认证实施规则》审定会"。由公安部消防产品合格评定中心主编的上述两份文件均顺利通过审查。

■ 8月，国家认监委委托中国安全技术防范认证中心对国家安全防范产品质检中心（北京）和国家安全防范产品质检中心（上海）进行了指定实验室CCC专项监督检查。

■ 8月，中国安全技术防范认证中心完成汽车行驶记录仪国家标准换版后的强制性产品认证证书转换工作。

■ 9月9日－9月13日，全国消防标准化技术委员会代表中国组团赴英国伦敦，组织、主持了

ISO/TC 21/SC 6 年会，参加了 ISO/TC 21 全会、ISO/TC 21/SC 3 年会及相关工作组会议。本年度 ISO/TC 21 全会及分委会年会由英国标准研究院（BSI）承办。

■ 9 月，由 SAC/TC 100/SC 2 主办的中国人体生物特征应用网站正式开通（www.tc100 - sc2.com）。网站设有技术与应用、算法检测、标准讨论、行业资讯等技术栏目。

■ 9 月，根据国家认监委《国家认监委关于开展 2013 年强制性产品认证获证产品监督抽查工作的通知》（国认证［2013］28 号）的精神，国家安全防范报警系统产品质量监督检验中心（上海）首次承担并于 9 月底顺利完成了上海生产、流通领域的入侵探测器产品的监督抽查工作。

■ 9 月，中国安全技术防范认证中心接受了国家认可委评审组实施的认证机构认可年度监督现场评审，并通过了监督审核。

■ 10 月 11 日 – 13 日，国家安全防范报警系统产品质量监督检验中心（北京）通过了国家认监委、国家认可委的实验室、检查机构和资质认定的"三合一"复评审现场评审，至此，中心的能力范围覆盖了安全防范产品、安防工程、实体防护产品、警用装备产品、防伪产品、UL 安防产品、软件及信息安全产品等 372 项。

■ 10 月 15 日，公安部科技信息化局购买《公安标准化及社会公共安全行业产品质量监督年鉴（2012 年）》配发至各省级公安科技信息化部门、部机关有关业务局以及部属各标委会、检测认证机构。

■ 10 月 15 日，《公安 350 兆模拟集群通信系统互联接口技术规范》正式发布。

■ 10 月 22 日，公安部安全与警用电子产品质量检测中心在公安部第一研究所组织召开了《警用电子产品通用技术要求》标准讨论会。公安部科技信息化局马晓东副局长参加了会议，会议主要讨论了《警用电子产品通用技术要求》标准的分类方法、技术要求的定位、如何体现警用电子产品的应用需求特点等方面的内容。

■ 10 月 23 日、25 日 – 27 日，国家认监委、中国合格评定委员会（CNAS）及上海市质监局等相关主管部门对国家安全防范报警系统产品质量监督检验中心（上海）开展的实验室、检查机构和资质认定的"三合一"复评审现场审核，顺利通过评审。最终新扩涉及 38 个标准的 28 项技术能力，变更涉及 8 个标准的 8 项能力。

■ 10 月 28 日 – 31 日，全国刑事技术标准化技术委员会在中国人民公安大学高级警官培训楼举办了"全国刑事技术标准化技术委员会标准化业务培训班"，来自全国公安、检察、司法、安全、军队、卫生及院校系统的 235 名委员及技术专家参加了培训。

■ 10 月 29 日，为创新标准项目管理，提高标准制修订计划项目完成效率和质量，刑标委秘书处起草制定了《全国刑事技术标准化技术委员会标准制修订计划项目任务书》，并组织召开了《任务书》签署会议，来自标准项目的组织单位、审查单位和项目承担单位负责人共 70 余人参加了会议。刑标委与各项目负责人和分委会主任逐一签署了 2013 年 90 个标准制修订项目的任务书。

■ 10 月，根据 2013 年部引进智力办公室批准的"公安国际标准化引智专项"项目，在京组织召开公安国际标准化工作培训与研讨会议，对部属标委会、分标委会和各合格评定机构的有关人员进行了培训。

■ 10月，为加强国家对新领域信息安全产品的监管力度，国家安全防范报警系统产品质量监督检验中心（上海）获部网络安全保卫局同意，将下一代互联网、云计算、移动互联网和工业控制等领域的四大类14个产品纳入销售许可证范围，配合做好主管部门信息安全产品的管理工作。

■ 10月，由国家认监委授权，公安部消防产品合格评定中心对国家固定灭火系统和耐火构件质量监督检验中心、国家消防电子产品质量监督检验中心、国家消防装备质量监督检验中心、国家防火建筑材料质量监督检验中心进行了CCC指定实验室专项监督检查。

■ 11月5日，公安部科技信息化局监督公安部交通管理科学研究所计量检定员考试，审核《计量检定员证》。

■ 11月6日，公安部消防产品合格评定中心顺利完成对消火栓、消防接口、消防水枪和电缆防火涂料类产品标准换版工作。

■ 11月10日–17日，国家固定灭火系统和耐火构件质量监督检验中心在天津召开防火门获证企业生产和质量管理培训会议。

■ 11月18日，公安部科技信息化局批复刑标委同意对《刑事现场制图》等80项行业标准制修订计划项目进行撤项。

■ 11月18日，公安部安全与警用电子产品质量检测中心派员参加了由公安部科技信息化局在公安部第一研究所组织召开的2013年度社会公共安全产品质量行业监督抽查工作会议。会上，科技信息化局马晓东副局长对2013年度的行抽工作作出指示，要求对行抽工作进行改革，注重所抽查产品的市场影响力及对公安业务的重大意义，特别是要实行推优机制，更加有效地发挥行抽对整个行业产品质量水平提升的重要推动作用，并对公安部安全与警用电子产品质量检测中心的《单警执法视音频记录仪的行抽方案》给予了充分的肯定和认可，认为突破了往年的行抽套路，具有较强的创新性。

■ 11月26日，国家标准化管理委员会发出《国家标准化管理委员会办公室关于全国安全防范报警系统标准化技术委员会换届及组成方案的复函》（标委办综合函〔2013〕186号），正式批准SAC/TC 100换届及第六届委员会组成方案。

■ 11月28日–29日，全国消防标准化技术委员会第六分技术委员会五届三次会议于在上海市召开。第六分委会第五届委员会委员、通讯委员和特邀代表共计280余人出席了本次会议。

■ 11月29日，公安部消防产品合格评定中心完成对强制性认证工厂检查人员的年度考核及再教育培训工作，具有各类专业资质的强制性认证工厂检查人员数量已达211名。

■ 11月，国家认监委委派专家组对公安部刑事技术产品质量监督检验中心进行了资质认定复评审现场评审工作。

■ 12月2日，公安部科技信息化局和全国刑事技术标准化技术委员组织召开了"国家公共安全领域DNA实验室综合标准化试点协调会"，来自北京、天津、上海、江苏、浙江、山东、河南、广东、重庆等省、直辖市公安厅、局的9个试点单位的20位代表参加了会议。

■ 12月3日–6日，由科技信息化局主办、监所管理局协办、公安部安全与警用电子产品质量检测中心承办的《看守所床具》、《看守所建设标准》的标准宣贯与培训班，在四川省成都市郫县成功举办。承办此次培训活动，对公安部安全与警用电子产品质量检测中心来说，是一次大胆而成功的尝试。作为第三方检测机构，如何在做好检测和标准化技术服务的同时，起到行业监督管理作用一直是摆在中心面前的难题，此次培训既大力推进了《看守所床具》等标准的宣贯，又督促了目录企业对产品质量标准的严格执行。

■12月4日，国家防火建筑材料质量监督检验中心通过中国船级社进行的定期审核和增项评审。

■12月4日－6日，科技信息化局会同监所管理局和第一研究所成功举办了262人参加的《看守所床具》等相关标准宣贯和培训班。

■12月6日，公安部科技信息化局批复中国安防认证中心上报的《社会公共安全产品认证实施规则 居民身份证阅读机具产品》，同意报国家认监委备案。

■12月9日，为使检验能力满足新标准的要求，国家消防电子产品质量监督检验中心针对新标准开展了新项目评审，顺利通过了国家认监委和中国合格评定国家认可委员会评审组的现场评审。

■12月10日，国家消防电子产品质量监督检验中心通过了CNCA进行的CCC实验室专项核查。顺利通过了国家认监委和中国合格评定国家认可委员会的实验室认可、审查认可、计量认证三合一复评审和扩项评审。

■12月14日－15日，国家固定灭火系统和耐火构件质量监督检验中心顺利通过中国国家认证认可监督管理委员会和中国合格评定国家认可委员会组织的审查认可、计量认证及实验室定期监督评审、扩项评审。

■12月24日，国家标准化管理委员会在其官方网站上对拟筹建的全国消防标准化技术委员会电器防火分技术委员会进行公示，并对筹建方案公开征求意见。

■12月26日，公安部消防产品合格评定中心在京颁发中国首张消防产品技术鉴定证书。

■12月26日－27日，全国安全防范报警系统标准化技术委员会（SAC/TC 100）第六届委员会成立大会暨六届一次会议在京召开。

■12月，根据公安部引进国外人才项目"公安国际标准化引智专项"的计划，第三次邀请了英国雷丁大学唐银山教授来华授课，培训提高了英语翻译水平，积累标准翻译的相关知识和经验，培养了国际标准化相关人才，推进了公共安全行业标准的国际化工作。

■12月，公安部科技信息化局组织2014年公共安全行业标准制修订计划项目的申报工作，完成"公安标准化信息管理系统"的上报单位用户注册工作。

■12月，公安部科技信息化局部署2013年度社会公共安全产品质量行业监督抽查工作，确定产品型号繁多、质量差异较大的公安装备器材类的"单警执法视音频记录仪"和社会关注度较高的交通安全管理类的"道路交通信号灯"等2类产品为2013年的抽查产品。

■12月，公安部科技信息化局开展公安机关社会管理和公共服务标准化试点的推荐工作，向国家标准委推荐了南通市公安局公安机关执法管理综合标准化试点项目和公安部第三研究所承担的社会公共安全综合标准化试点项目、国家计算机病毒应急处理中心承担的计算机病毒防治产品及移动安全产品检验服务综合标准化试点项目，以及有关DNA实验室的9个项目，总计12个试点项目。

■12月，公安部交通管理科学研究所、广东省公安厅交通管理局、宁波市公安局交通警察局联合实施的《公安交通指挥系统建设关键标准研究》项目获得2013年度公安部科学技术奖三等奖。

■12月，国家道路交通安全产品质量监督检验中心接受中国合格评定国家认可中心派遣专家的现场监督扩项评审，国家道路交通安全产品质量监督检验中心顺利通过国家计量认证考核，公安部交通安全产品质量监督检测中心通过国家计量认证考核、实验室认可及检查机构认可，扩展检测／检查新产品项目30项，为进一步做大做强检测中心业务奠定基础。

■ 12月，中国安全技术防范认证中心完成了《安防产品强制性认证指南——执法监督研究》编写工作，进一步提高了监督工作规范化和主动服务认证企业的能力。

■ 2013年，公安部基础标委会归口承担的《大型节庆活动安全管理及可持续性标准研究》项目顺利通过国家质检总局验收。

■ 2013年，公安部基础标委会承担了由国家质量监督检验检疫总局下达的质检公益性行业科研专项项目《重点公共场所防爆炸安全检查技术标准研究》的研究。本项目总体目标是完成5项国家标准的编制并获国家标准立项，以及完成综合性研究报告。

■ 2013年，国家道路交通安全产品质量监督检验中心建立并实施机动车驾驶人考试系统检测合格信息公告制度，截至2013年年底发布公告9期。公告的发布，规范了机动车驾驶人考试的应用，提高了考试系统产品的质量，进一步提升了检测中心的行业权威地位。

■ 2013年，国家道路交通安全产品质量监督检验中心扎实开展车辆安全研究工作。承担了《货运车辆运行安全技术条件》等2项专题研究、《机动车安全技术检验项目和方法》等4项标准研究、完成"机动车油改气"等6份研究报告。

■ 2013年，公安部刑事技术产品质量监督检验中心增设了6个产品检测实验室：产品质量理化检测实验室、痕迹检验产品质量检测实验室、毒品检验产品质量检测实验室、视频检验产品质量检测实验室、电子物证检验产品质量检测实验室、防伪产品质量检测实验室。

■ 2013年，公安部刑事技术产品质量监督检验中心承担的中央级公益性科研院所基本科研业务费专项资金计划项目《活体指掌纹采集仪检验方法的研究》完成验收工作，顺利结题。

第三篇　标准篇

第一节　标委会机构建设情况

标准化技术委员会是在一定专业领域内,从事标准的起草和技术审查等标准化工作的技术组织。为适应公安标准化工作的开展,公安部设有9个标准化技术委员会、26个分技术委员会,涉及安防、消防、刑事技术、交通管理、警用装备、信息安全、社会治安、公安信息化等专业领域。标委会是标准制修订的主要力量,其发展水平直接影响着标准质量。2013年,公安部所属各标委会不断加强自身建设,安标委以及安标委人体生物特征识别应用分技术委员会顺利完成换届工作,标委会机构建设更加完善,人才队伍更加壮大。

一、标委会委员情况

标委会的委员情况代表着参与标准制修订活动的人员情况,直接反映标委会的代表性,并影响着标准的运行管理模式。目前,公安部所属各标委会主要由委员、通讯委员、顾问、特邀专家等组成,人数达2182人,主要来自企业、科研机构、检测机构、高等院校、政府部门、行业协会、用户等各个方面。公安部所属各标委会的组成情况见表3-1-1。

表3-1-1　公安部所属各标委会的组成情况

序号	标委会名称	委员会届次	委员人数	通讯委员人数	顾问人数	特邀专家人数
1	TC 100 安防标委会	6	98	31	2	18
1-1	TC 100/SC 1 实体防护设备分技委	2	19	25	2	0
1-2	TC 100/SC 2 人体生物特征识别应用分技委	2	45	33	4	1
2	TC 113 消防标委会	5	43	0	0	0

序号	标委会名称	委员会届次	委员人数	通讯委员人数	顾问人数	特邀专家人数
2－1	TC 113/SC 1 基础标准分技委	4	40	0	0	0
2－2	TC 113/SC 2 固定灭火系统分技委	5	45	61	0	5
2－3	TC 113/SC 3 灭火剂分技委	5	41	10	0	0
2－4	TC 113/SC 4 消防车泵分技委	4	37	0	0	0
2－5	TC 113/SC 5 消防器具配件分技委	4	33	0	0	0
2－6	TC 113/SC 6 火灾报警及探测分技委	5	45	246	0	0
2－7	TC 113/SC 7 防火材料分技委	5	45	65	0	0
2－8	TC 113/SC 8 建筑构件耐火性能分技委	5	47	62	2	0
2－9	TC 113/SC 9 消防管理分技委	2	33	0	0	0
2－10	TC 113/SC 10 灭火救援分技委	1	37	0	0	0
2－11	TC 113/SC 11 火灾调查分技委	1	34	4	0	0
2－12	TC 113/SC 12 消防员防护装备分技委	1	36	0	0	0
2－13	TC 113/SC 13 建筑消防安全工程分技委	1	34	0	0	0
2－14	TC 113/SC 14 消防通信分技委	1	42	40	0	0
3	TC 179 刑事技术标委会	2	37	0	0	0
3－1	TC 179/SC 1 毒物分析分技委	2	22	0	0	4
3－2	TC 179/SC 2 刑事信息分技委	2	19	0	0	0
3－3	TC 179/SC 3 指纹检验分技委	2	25	2	0	1
3－4	TC 179/SC 4 理化检验分技委	2	21	0	0	4
3－5	TC 179/SC 5 照相检验分技委	2	26	0	0	1
3－6	TC 179/SC 6 法医检验分技委	2	27	0	0	0
3－7	TC 179/SC 7 电子物证检验分技委	1	21	0	0	0
3－8	TC 179/SC 8 刑事技术产品分技委	1	30	0	0	0
3－9	TC 179/SC 9 痕迹检验分技委	1	28	0	0	2

序号	标委会名称	委员会届次	委员人数	通讯委员人数	顾问人数	特邀专家人数
3－10	TC 179/SC 10 文件检验分技委	1	35	4	0	13
4	信标委	2	39	29	0	0
5	通标委	2	23	0	0	0
6	警标委	3	120	113	0	20
7	信安标委	2	33	0	0	0
8	交标委	1	29	12	0	0
9	基标委	1	55	21	1	0
	合计		1344	758	11	69

由上表可以看出，公安部所属 9 个标委会委员人数共计 477 人，平均 53 人，分技术委员会人员共计 867 人，平均 33.3 人，比《全国专业标准化技术委员会管理规定》中规定的"技术委员会和分技术委员会的委员应当为单数，分别不少于 25 人和 15 人"的人数超出很多。但是委员人数分布不均衡，超过 50 人的达 3 个，委员人数最多的警标委达到 120 人。除委员外，公安部所属标委会还包括通讯委员 758 人、顾问 11 人、特邀专家 69 人。

二、秘书处承担单位类型

标委会的秘书处负责标委会的日常工作，协助组织标准制修订工作。公安部所属各标委会秘书处主要设在部有关业务局和科研院所，目前秘书处人数达 102 人。公安部所属各标委会的秘书处及人员组成情况见表 3－1－2。

表 3－1－2 公安部所属各标委会的秘书处承担单位及人员组成情况

序号	标委会名称	秘书处人数	秘书处承担单位
1	TC 100 安防标委会	7	公安部第一研究所
1－1	TC 100/SC 1 实体防护设备分技委	3	公安部第三研究所
1－2	TC 100/SC 2 人体生物特征识别应用分技委	2	公安部第一研究所
2	TC 113 消防标委会	3	公安部消防局法规标准处
2－1	TC 113/SC 1 基础标准分技委	3	公安部天津消防研究所
2－2	TC 113/SC 2 固定灭火系统分技委	3	公安部天津消防研究所
2－3	TC 113/SC 3 灭火剂分技委	3	公安部天津消防研究所
2－4	TC 113/SC 4 消防车泵分技委	3	公安部上海消防研究所

序号	标委会名称	秘书处人数	秘书处承担单位
2 - 5	TC 113/SC 5 消防器具配件分技委	3	公安部上海消防研究所
2 - 6	TC 113/SC 6 火灾报警及探测分技委	3	公安部沈阳消防研究所
2 - 7	TC 113/SC 7 防火材料分技委	3	公安部四川消防研究所
2 - 8	TC 113/SC 8 建筑构件耐火性能分技委	3	公安部天津消防研究所
2 - 9	TC 113/SC 9 消防管理分技委	3	公安部消防局防火监督处
2 - 10	TC 113/SC 10 灭火救援分技委	3	中国人民武装警察部队学院消防指挥系
2 - 11	TC 113/SC 11 火灾调查分技委	3	公安部天津消防研究所
2 - 12	TC 113/SC 12 消防员防护装备分技委	3	公安部上海消防研究所
2 - 13	TC 113/SC 13 建筑消防安全工程分技委	3	公安部四川消防研究所
2 - 14	TC 113/SC 14 消防通信分技委	3	公安部沈阳消防研究所
3	TC 179 刑事技术标委会	5	公安部物证鉴定中心
3 - 1	TC 179/SC 1 毒物分析分技委	3	公安部刑事侦查局七处
3 - 2	TC 179/SC 2 刑事信息分技委	2	公安部物证鉴定中心
3 - 3	TC 179/SC 3 指纹检验分技委	2	公安部物证鉴定中心
3 - 4	TC 179/SC 4 理化检验分技委	2	公安部物证鉴定中心
3 - 5	TC 179/SC 5 照相检验分技委	1	公安部物证鉴定中心
3 - 6	TC 179/SC 6 法医检验分技委	4	公安部物证鉴定中心
3 - 7	TC 179/SC 7 电子物证检验分技委	1	公安部物证鉴定中心
3 - 8	TC 179/SC 8 刑事技术产品分技委	1	公安部物证鉴定中心
3 - 9	TC 179/SC 9 痕迹检验分技委	3	公安部物证鉴定中心
3 - 10	TC 179/SC 10 文件检验分技委	2	公安部物证鉴定中心
4	信标委	3	公安部第一研究所
5	通标委	4	公安部第一研究所
6	警标委	4	公安部第一研究所
7	信安标委	2	公安部网络安全保卫局
8	交标委	3	公安部交通管理科学研究所
9	基标委	3	公安部第一研究所

序号	标委会名称	秘书处人数	秘书处承担单位
合计		102	

　　由上表可以看出，9 个标委会中，有 2 个设在部业务局，占 22.2%；7 个设在科研院所，占 77.8%；而所有 26 个分技术委员会中，只有 1 个设在业务局，其余均设在科研院所。标委会秘书处人数共计 34 人，平均 3.8 人；分技术委员会秘书处人数共计 68 人，平均 2.6 人；秘书处人员主要由科研院所人员组成，科研院所是公安标准制修订的主要力量。

第二节　标准制修订情况

一、2013 年标准发布总体情况

　　2013 年，批准发布的公安标准共计 128 项（不含修改单），其中国家标准 17 项，约占 13.3%；行业标准 111 项，约占 86.7%；强制性标准 37 项，约占 28.9%；推荐性标准 89 项，约占 69.5%；指导性技术文件 2 项，约占 1.6%。2013 年发布的公安标准分布情况见表 3 – 2 – 1。

表 3 – 2 – 1　2013 年发布的公安标准分布情况

单位：项

归口单位	标准总数	国家标准			行业标准			
		数量	强制性	推荐性	数量	强制性	推荐性	指导性
安标委	16	3	0	3	13	3	10	0
消标委	21	11	9	2	10	6	4	0
刑标委	28	3	0	3	25	0	25	0
信标委	15	0	0	0	15	6	9	0
通标委	5	0	0	0	5	0	5	0
警标委	11	0	0	0	11	11	0	0
信安标委	3	0	0	0	3	0	3	0
交标委	18	0	0	0	18	1	17	0
基标委	11	0	0	0	11	0	8	2

归口单位	标准总数	国家标准			行业标准			
		数量	强制性	推荐性	数量	强制性	推荐性	指导性
合计	128	17	9	8	111	28	81	2

二、历年标准发布情况

截至 2013 年年底，由公安部批准发布现行有效的公共安全行业标准 1636 项，由公安部报批、国家标准委发布公共安全行业国家标准 369 项，由公安部主导起草、ISO 或 IEC 发布国际标准 4 项。这些标准涉及消防、刑事技术、安全技术防范、交通管理、警用装备、信息安全、社会治安、公安信息化等众多领域，对保护国家安全、保障公民人身安全和财产安全起到了重要作用。

（一）总体情况

目前，已批准发布的现行有效的公安标准总数共计 2005 项，其中国家标准 369 项，约占 18.4%；行业标准 1636 项，约占 81.6%；强制性标准 1013 项，约占 50.5%；推荐性标准 987 项，约占 49.3%；而标准化指导性技术文件只有 5 项，仅占 0.2%。公安标准的总体分布情况见表 3 - 2 - 2（注：指导性，是指标准化指导性技术文件）。

表 3 - 2 - 2 现行公安标准总体分布情况

单位：项

归口单位	标准总数	国家标准				行业标准			
		数量	强制性	推荐性	指导性	数量	强制性	推荐性	指导性
安标委	136	44	27	17	0	92	35	57	0
消标委	420	272	187	83	2	148	106	42	0
刑标委	254	26	0	26	0	228	68	160	0
信标委	685	0	0	0	0	685	269	415	1
通标委	17	0	0	0	0	17	5	12	0
警标委	194	0	0	0	0	194	186	8	0
信安标委	114	0	0	0	0	114	61	53	0
交标委	130	26	12	14	0	104	19	85	0
基标委	19	1	1	0	0	18	6	10	2
其他单位	36	0	0	0	0	36	31	5	0
合计	2005	369	227	140	2	1636	786	847	3

（二）国家标准按归口单位分布情况

现行有效的公共安全行业国家标准数量共计 369 项，分别是安标委归口 44 项，约占 11.9%；消标委归口 272 项，约占 73.7%；刑标委归口 26 项，约占 7.1%；交标委归口 26 项，约占 7.1%；基标委归口 1 项，约占 0.2%。国家标准按归口单位分布情况见图 3 – 2 – 1。

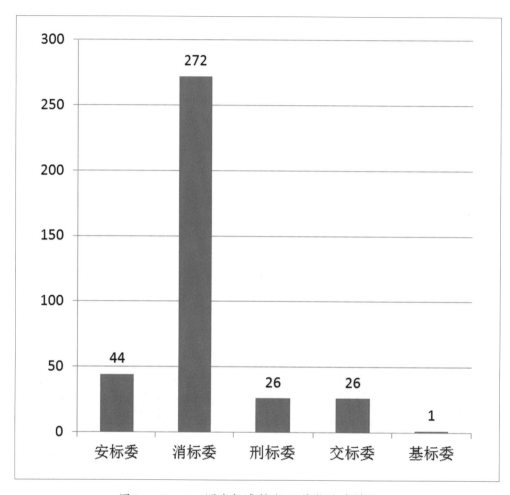

图 3 – 2 – 1　国家标准按归口单位分布情况

（三）行业标准按归口单位分布情况

现行有效的公共安全行业标准数量共计 1636 项，分别是安标委归口 92 项，约占 5.6%；消标委归口 148 项，约占 9.1%；刑标委归口 228 项，约占 13.9%；信标委归口 685 项，约占 41.9%；通标委归口 17 项，约占 1.0%；警标委归口 194 项，约占 11.9%；信安标委归口 114 项，约占 7.0%；交标委归口 104 项，约占 6.3%；基标委归口 18 项，约占 1.1%；其他单位归口 36 项，约占 2.2%。行业标准按归口单位分布情况见图 3 – 2 – 2。

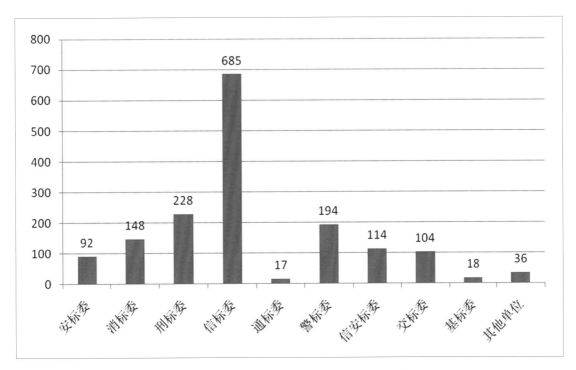

图 3 - 2 - 2 行业标准按归口单位分布情况

（四）标准按属性分布情况

现行有效的公安标准总数共计 2005 项，其中强制性国家标准 227 项，约占 11.3%；推荐性国家标准 140 项，约占 7.0%；国家标准化指导性技术文件 2 项，约占 0.1%；强制性行业标准 786 项，约占 39.2%；推荐性行业标准 847 项，约占 42.2%；行业标准化指导性技术文件 3 项，约占 0.2%。公安标准按属性分布情况见图 3 - 2 - 3。

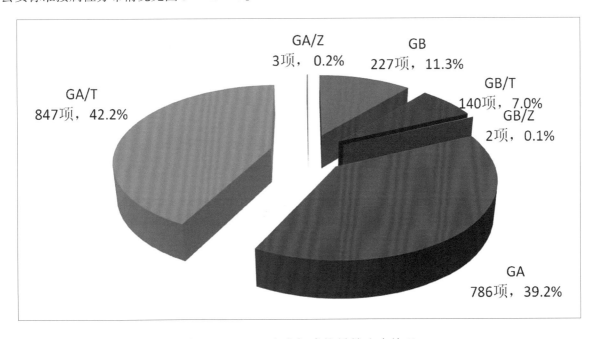

图 3 - 2 - 3 公安标准按属性分布情况

三、2013 年标准复审情况

根据《中华人民共和国标准化法》及其实施条例中有关标准复审工作的规定，公安部科技信息化局于 2013 年 11 月组织开展 2013 年度的行业标准复审工作。

（一）复审范围

标准复审工作的范围共计 146 项，分别是 2008 年发布的公共安全行业标准（共 145 项）和各标委会根据本专业领域技术发展需求提出需要复审的其他现行行业标准（2003 年发布的 1 项）。

（二）复审结论

经复审，拟废止的 12 项，占 8.2%；继续有效的 80 项，占 54.8%；已列入修订计划或计划于 2014 年修订的 53 项，占 36.3%；拟通过快速修订程序修订的 1 项，占 0.7%。各单位复审情况见表 3 – 2 – 3，具体如下：

全国安全防范报警系统标准化技术委员会对 15 项标准进行了复审，结论全部为继续有效。

全国消防标准化技术委员会对 4 项标准进行了复审，结论全部为继续有效。

全国刑事技术标准化技术委员会对 57 项标准进行了复审，22 项继续有效，4 项提出了废止申请，31 项提出修订，拟全部列入 2014 年度行业标准计划。

公安部计算机与信息处理标准化技术委员会对 38 项标准进行了复审，18 项继续有效，2 项提出废止申请，17 项提出修订，拟全部列入 2014 年度行业标准计划，1 项拟采用快速程序修订。

公安部通信标准化技术委员会对 3 项标准进行了复审，2 项继续有效，1 项 2003 年发布的标准提出废止申请。

公安部特种警用装备标准化技术委员会对 14 项标准进行了复审，11 项继续有效，3 项提出修订，已列入或拟列入 2011 年、2013 年、2014 年行业标准计划。

公安部信息系统安全标准化技术委员会对 4 项标准进行了复审，3 项继续有效，1 项提出修订，已列入 2013 年度行业标准计划。

公安部交通管理标准化技术委员会对 11 项标准进行了复审，5 项继续有效，5 项提出废止申请，1 项提出修订，已列入 2013 年度行业标准计划。

公安部社会公共安全应用基础标准化技术委员会 2008 年未发布标准，并且未对其他现行行业标准提出复审。

表 3 – 2 – 3 各单位归口行业标准复审情况统计表

单位：项

归口单位	废止	继续有效	修订	快速修订	总计
安标委	0	15	0	0	15
消标委	0	4	0	0	4
刑标委	4	22	31	0	57
信标委	2	18	17	1	38
通标委	1	2	0	0	3

归口单位	废止	继续有效	修订	快速修订	总计
警标委	0	11	3	0	14
信安标委	0	3	1	0	4
交标委	5	5	1	0	11
基标委	0	0	0	0	0
总计	12	80	53	1	146

（三）复审结论汇总表

2013 年公共安全行业标准复审结论汇总见表 3 - 2 - 4。

表 3 - 2 - 4 2013 年公共安全行业标准复审结论汇总表

序号	标准编号	性质	标准名称	归口单位	复审结论
1	GA 745 - 2008	强制	银行自助设备自助银行安全防范的规定	安标委	继续有效
2	GA 746 - 2008	强制	提款箱	安标委	继续有效
3	GA 793.2 - 2008	强制	城市监控报警联网系统合格评定 第 2 部分：管理平台软件测试规范	安标委	继续有效
4	GA 793.1 - 2008	强制	城市监控报警联网系统合格评定 第 1 部分：系统功能性能检验规范	安标委	继续有效
5	GA 793.3 - 2008	强制	城市监控报警联网系统合格评定 第 3 部分：系统验收规范	安标委	继续有效
6	GA/T 792.1 - 2008	推荐	城市监控报警联网系统管理标准 第 1 部分：图像信息采集、接入、使用管理要求	安标委	继续有效
7	GA/T 669.1 - 2008	推荐	城市监控报警联网系统技术标准 第 1 部分：通用技术要求	安标委	继续有效
8	GA/T 669.2 - 2008	推荐	城市监控报警联网系统技术标准 第 2 部分：安全技术要求	安标委	继续有效
9	GA/T 669.3 - 2008	推荐	城市监控报警联网系统技术标准 第 3 部分：前端信息采集技术要求	安标委	继续有效
10	GA/T 669.4 - 2008	推荐	城市监控报警联网系统技术标准 第 4 部分：视音频编、解码技术要求	安标委	继续有效
11	GA/T 669.5 - 2008	推荐	城市监控报警联网系统技术标准 第 5 部分：信息传输、交换、控制技术要求	安标委	继续有效
12	GA/T 669.6 - 2008	推荐	城市监控报警联网系统技术标准 第 6 部分：视音频显示、存储、播放技术要求	安标委	继续有效

序号	标准编号	性质	标准名称	归口单位	复审结论
13	GA/T 669.7 - 2008	推荐	城市监控报警联网系统技术标准 第7部分：管理平台技术要求	安标委	继续有效
14	GA/T 669.9 - 2008	推荐	城市监控报警联网系统技术标准 第9部分：卡口信息识别、比对、监测系统技术要求	安标委	继续有效
15	GA/T 761 - 2008	推荐	停车库（场）安全管理系统技术要求	安标委	继续有效
16	GA 768 - 2008	强制	消防摩托车	消标委	继续有效
17	GA 770 - 2008	强制	消防员化学防护服装	消标委	继续有效
18	GA/T 798 - 2008	推荐	排油烟气防火止回阀	消标委	继续有效
19	GA/T 812 - 2008	推荐	火灾原因调查指南	消标委	继续有效
20	GA 426.1 - 2008	强制	指纹数据交换格式 第1部分：指纹数据交换文件格式规范	刑标委	修订，拟列入2014年度行业标准计划
21	GA 426.2 - 2008	强制	指纹数据交换格式 第2部分：任务描述类记录格式	刑标委	修订，拟列入2014年度行业标准计划
22	GA 426.3 - 2008	强制	指纹数据交换格式 第3部分：十指指纹信息记录格式	刑标委	修订，拟列入2014年度行业标准计划
23	GA 426.4 - 2008	强制	指纹数据交换格式 第4部分：现场指纹信息记录格式	刑标委	修订，拟列入2014年度行业标准计划
24	GA 426.5 - 2008	强制	指纹数据交换格式 第5部分：指纹正查和倒查比中信息记录格式	刑标委	修订，拟列入2014年度行业标准计划
25	GA 426.6 - 2008	强制	指纹数据交换格式 第6部分：指纹查重比中信息记录格式	刑标委	修订，拟列入2014年度行业标准计划
26	GA 426.7 - 2008	强制	指纹数据交换格式 第7部分：指纹串查比中信息记录格式	刑标委	修订，拟列入2014年度行业标准计划
27	GA 426.8 - 2008	强制	指纹数据交换格式 第8部分：现场指纹查询请求信息记录格式	刑标委	修订，拟列入2014年度行业标准计划
28	GA 426.9 - 2008	强制	指纹数据交换格式 第9部分：十指指纹查询请求信息记录格式	刑标委	修订，拟列入2014年度行业标准计划
29	GA 426.10 - 2008	强制	指纹数据交换格式 第10部分：正查比对结果候选信息记录格式	刑标委	修订，拟列入2014年度行业标准计划
30	GA 426.11 - 2008	强制	指纹数据交换格式 第11部分：倒查比对结果候选信息记录格式	刑标委	修订，拟列入2014年度行业标准计划
31	GA 426.12 - 2008	强制	指纹数据交换格式 第12部分：查重比对结果候选信息记录格式	刑标委	修订，拟列入2014年度行业标准计划

序号	标准编号	性质	标准名称	归口单位	复审结论
32	GA 426.13 – 2008	强制	指纹数据交换格式 第13部分：串查比对结果候选信息记录格式	刑标委	修订，拟列入2014年度行业标准计划
33	GA 426.14 – 2008	强制	指纹数据交换格式 第14部分：自定义逻辑记录格式	刑标委	修订，拟列入2014年度行业标准计划
34	GA 765 – 2008	强制	人血红蛋白检测金标试剂条法	刑标委	继续有效
35	GA 766 – 2008	强制	人精液 PSA 检测金标试剂条法	刑标委	继续有效
36	GA 773 – 2008	强制	指纹自动识别系统术语	刑标委	继续有效
37	GA 774.1 – 2008	强制	指纹特征规范 第1部分：指纹方向	刑标委	继续有效
38	GA 774.2 – 2008	强制	指纹特征规范 第2部分：指纹纹型分类与描述	刑标委	继续有效
39	GA 774.3 – 2008	强制	指纹特征规范 第3部分：指纹中心点标注方法	刑标委	继续有效
40	GA 774.4 – 2008	强制	指纹特征规范 第4部分：指纹三角点标注方法	刑标委	继续有效
41	GA 774.5 – 2008	强制	指纹特征规范 第5部分：指纹细节特征点标注方法	刑标委	继续有效
42	GA 775 – 2008	强制	指纹特征点与指纹方向坐标表示方法	刑标委	继续有效
43	GA 776 – 2008	强制	指纹自动识别系统产品编码规则	刑标委	修订，拟列入2014年度行业标准计划
44	GA 777.1 – 2008	强制	指纹数据代码 第1部分：指纹指位代码	刑标委	废止，已由 GA/T 777.1 – 2010 代替
45	GA 777.2 – 2008	强制	指纹数据代码 第2部分：指纹纹型代码	刑标委	修订，拟列入2014年度行业标准计划
46	GA 777.3 – 2008	强制	指纹数据代码 第3部分：乳突线颜色代码	刑标委	修订，拟列入2014年度行业标准计划
47	GA 777.4 – 2008	强制	指纹数据代码 第4部分：被捺印指纹人员类别代码	刑标委	废止，已由 GA/T 777.4 – 2010 代替
48	GA 777.5 – 2008	强制	指纹数据代码 第5部分：十指指纹协查目的编码规则	刑标委	修订，拟列入2014年度行业标准计划
49	GA 777.6 – 2008	强制	指纹数据代码 第6部分：指纹协查级别代码	刑标委	修订，拟列入2014年度行业标准计划
50	GA 777.7 – 2008	强制	指纹数据代码 第7部分：指纹比对状态代码	刑标委	修订，拟列入2014年度行业标准计划

序号	标准编号	性质	标准名称	归口单位	复审结论
51	GA 777.8 – 2008	强制	指纹数据代码 第8部分：指纹特征提取方式缩略规则	刑标委	修订，拟列入2014年度行业标准计划
52	GA 778 – 2008	强制	十指指纹文字数据项规范	刑标委	修订，拟列入2014年度行业标准计划
53	GA 779 – 2008	强制	现场指纹文字数据项规范	刑标委	修订，拟列入2014年度行业标准计划
54	GA 780 – 2008	强制	指纹比中数据项规范	刑标委	继续有效
55	GA 781 – 2008	强制	被比中指纹人员到案情况数据项规范	刑标委	修订，拟列入2014年度行业标准计划
56	GA 782.1 – 2008	强制	指纹信息应用交换接口规范 第1部分：指纹信息应用交换接口模型	刑标委	修订，拟列入2014年度行业标准计划
57	GA 782.2 – 2008	强制	指纹信息应用交换接口规范 第2部分：指纹信息状态交换接口	刑标委	修订，拟列入2014年度行业标准计划
58	GA 782.3 – 2008	强制	指纹信息应用交换接口规范 第3部分：指纹数据交换接口	刑标委	修订，拟列入2014年度行业标准计划
59	GA 783.1 – 2008	强制	指纹应用接口 第1部分：十指指纹特征编辑调用接口	刑标委	继续有效
60	GA 783.2 – 2008	强制	指纹应用接口 第2部分：现场指纹特征编辑调用接口	刑标委	继续有效
61	GA 783.3 – 2008	强制	指纹应用接口 第3部分：比对结果复核认定调用接口	刑标委	继续有效
62	GA 784 – 2008	强制	十指指纹图像数据压缩动态链接库接口	刑标委	继续有效
63	GA 785 – 2008	强制	十指指纹图像数据复现动态链接库接口	刑标委	继续有效
64	GA 786 – 2008	强制	十指指纹图像数据复现JAVA接口	刑标委	继续有效
65	GA 787 – 2008	强制	指纹图像数据转换的技术条件	刑标委	废止，已由GA/T 787 – 2010代替
66	GA 788 – 2008	强制	指纹图像数据压缩倍数	刑标委	修订，拟列入2014年度行业标准计划
67	GA 789 – 2008	强制	掌纹图像数据转换的技术条件	刑标委	继续有效
68	GA /T790 – 2008	推荐	十指指纹信息卡式样	刑标委	修订，拟列入2014年度行业标准计划
69	GA/T 791 – 2008	推荐	现场指纹信息卡式样	刑标委	修订，拟列入2014年度行业标准计划
70	GA/T 772 – 2008	推荐	刑事影像技术专业实验室工作用房技术要求	刑标委	继续有效

序号	标准编号	性质	标准名称	归口单位	复审结论
71	GA/T 799 – 2008	推荐	现场勘查车技术条件	刑标委	修订，拟列入 2014 年度行业标准计划
72	GA/T 800 – 2008	推荐	人身损害护理依赖程度评定	刑标委	继续有效
73	GA/T 813 – 2008	推荐	人体组织器官中硅藻硝酸破机法检验	刑标委	继续有效
74	GA/T 748 – 2008	推荐	警用指纹投影比对仪通用技术要求	刑标委	废止
75	GA/T 750 – 2008	推荐	不锈钢尸体解剖台	刑标委	继续有效
76	GA/T 769 – 2008	推荐	道路交通事故受伤人员救治项目评定规范	刑标委	继续有效
77	GA/T 794 – 2008	推荐	公安基本装备代码	信标委	废止，已由 GA/T 548 – 2012 代替
78	GA/T 795 – 2008	推荐	公安基本装备分类代码	信标委	废止，已由 GA/T 548 – 2012 代替
79	GA/T 796 – 2008	推荐	公安基本装备管理信息数据项	信标委	继续有效
80	GA/T 797.1 – 2008	推荐	公安基本装备业务信息代码 第1部分：公安基本装备管理指标代码	信标委	继续有效
81	GA/T 797.2 – 2008	推荐	公安基本装备业务信息代码 第2部分：公安基本装备流向方式代码	信标委	继续有效
82	GA/T 797.3 – 2008	推荐	公安基本装备业务信息代码 第3部分：公安基本装备状况代码	信标委	继续有效
83	GA/T 797.4 – 2008	推荐	公安基本装备业务信息代码 第4部分：公安基本装备经费来源类别代码	信标委	继续有效
84	GA/T 749 – 2008	推荐	公安档案信息数据交换格式	信标委	拟采用快速程序修订
85	GA/T 753.1 – 2008	推荐	报警统计信息管理代码 第1部分：报警分类与代码	信标委	修订，拟列入 2014 年度行业标准计划
86	GA/T 753.2 – 2008	推荐	报警统计信息管理代码 第2部分：报警途径分类与代码	信标委	修订，拟列入 2014 年度行业标准计划
87	GA/T 753.3 – 2008	推荐	报警统计信息管理代码 第3部分：报警形式分类与代码	信标委	修订，拟列入 2014 年度行业标准计划
88	GA/T 753.4 – 2008	推荐	报警统计信息管理代码 第4部分：出动警务人员代码	信标委	修订，拟列入 2014 年度行业标准计划
89	GA/T 753.5 – 2008	推荐	报警统计信息管理代码 第5部分：非正常警情代码	信标委	修订，拟列入 2014 年度行业标准计划

序号	标准编号	性质	标准名称	归口单位	复审结论
90	GA/T 753.6－2008	推荐	报警统计信息管理代码 第6部分：违反治安管理行为分类与代码	信标委	修订，拟列入2014年度行业标准计划
91	GA/T 753.7－2008	推荐	报警统计信息管理代码 第7部分：公安行政执法分类与代码	信标委	修订，拟列入2014年度行业标准计划
92	GA/T 753.8－2008	推荐	报警统计信息管理代码 第8部分：群体性事件分类与代码	信标委	修订，拟列入2014年度行业标准计划
93	GA/T 753.9－2008	推荐	报警统计信息管理代码 第9部分：群体性事件原因分类与代码	信标委	修订，拟列入2014年度行业标准计划
94	GA/T 753.10－2008	推荐	报警统计信息管理代码 第10部分：行政违法行为代码	信标委	修订，拟列入2014年度行业标准计划
95	GA/T 753.11－2008	推荐	报警统计信息管理代码 第11部分：治安灾害事故分类与代码	信标委	修订，拟列入2014年度行业标准计划
96	GA/T 753.12－2008	推荐	报警统计信息管理代码 第12部分：纠纷分类与代码	信标委	修订，拟列入2014年度行业标准计划
97	GA/T 753.13－2008	推荐	报警统计信息管理代码 第13部分：纠纷处理代码	信标委	修订，拟列入2014年度行业标准计划
98	GA/T 753.14－2008	推荐	报警统计信息管理代码 第14部分：求助代码	信标委	修订，拟列入2014年度行业标准计划
99	GA/T 753.15－2008	推荐	报警统计信息管理代码 第15部分：求助处理代码	信标委	修订，拟列入2014年度行业标准计划
100	GA/T 753.16－2008	推荐	报警统计信息管理代码 第16部分：警务监督分类与代码	信标委	修订，拟列入2014年度行业标准计划
101	GA/T 753.17－2008	推荐	报警统计信息管理代码 第17部分：警务监督处理分类与代码	信标委	修订，拟列入2014年度行业标准计划
102	GA/T 759－2008	推荐	公安信息化标准管理基本数据结构	信标委	继续有效
103	GA/T 760.1－2008	推荐	公安信息化标准管理信息分类与代码 第1部分：标准类型分类与代码	信标委	继续有效
104	GA/T 760.2－2008	推荐	公安信息化标准管理信息分类与代码 第2部分：标准级别代码	信标委	继续有效
105	GA/T 760.3－2008	推荐	公安信息化标准管理信息分类与代码 第3部分：标准性质代码	信标委	继续有效
106	GA/T 760.4－2008	推荐	公安信息化标准管理信息分类与代码 第4部分：法律文件代码	信标委	继续有效
107	GA/T 760.5－2008	推荐	公安信息化标准管理信息分类与代码 第5部分：制定/修订方式代码	信标委	继续有效
108	GA/T 760.6－2008	推荐	公安信息化标准管理信息分类与代码 第6部分：标准状态代码	信标委	继续有效

序号	标准编号	性质	标准名称	归口单位	复审结论
109	GA/T 760.7 – 2008	推荐	公安信息化标准管理信息分类与代码 第 7 部分：立项状态代码	信标委	继续有效
110	GA/T 760.8 – 2008	推荐	公安信息化标准管理信息分类与代码 第 8 部分：制定 / 修订状态代码	信标委	继续有效
111	GA/T 760.9 – 2008	推荐	公安信息化标准管理信息分类与代码 第 9 部分：公安部所属标准化委员会分类与代码	信标委	继续有效
112	GA/T 760.10 – 2008	推荐	公安信息化标准管理信息分类与代码 第 10 部分：文档类型代码	信标委	继续有效
113	GA/T 760.11 – 2008	推荐	公安信息化标准管理信息分类与代码 第 11 部分：标准审查类型代码	信标委	继续有效
114	GA/T 760.12 – 2008	推荐	公安信息化标准管理信息分类与代码 第 12 部分：标准宣贯类型代码	信标委	继续有效
115	GA/T 751 – 2008	推荐	视频图像文字标注规范	通标委	继续有效
116	GA/T 752 – 2008	推荐	公安无线专网数据传输空中信令	通标委	继续有效
117	GA/T 444 – 2003	推荐	公安数字集群移动通信系统总体技术规范	通标委	废止
118	GA 353 – 2008	强制	警服材料保暖絮片	警标委	继续有效
119	GA 420 – 2008	强制	警用防暴服	警标委	修订，拟列入 2014 年度行业标准计划
120	GA 422 – 2008	强制	防暴盾牌	警标委	修订，已列入 2011 年度行业标准计划
121	GA 68 – 2008	强制	警用防刺服	警标委	修订，已列入 2013 年度行业标准计划
122	GA 758 – 2008	强制	9mm 警用转轮手枪	警标委	继续有效
123	GA 762 – 2008	强制	警服高级警官大衣	警标委	继续有效
124	GA 763 – 2008	强制	警服 V 领、半高领毛针织套服	警标委	继续有效
125	GA 764 – 2008	强制	警服圆领针织 T 恤衫	警标委	继续有效
126	GA 771 – 2008	强制	警用武器与弹药命名及代号编制规则	警标委	继续有效
127	GA 806 – 2008	强制	9mm 警用转轮手枪装弹具	警标委	继续有效
128	GA 807 – 2008	强制	9mm 警用转轮手枪擦枪工具	警标委	继续有效
129	GA 808 – 2008	强制	9mm 警用转轮手枪防抢枪套	警标委	继续有效

序号	标准编号	性质	标准名称	归口单位	复审结论
130	GA 809 - 2008	强制	9mm 警用转轮手枪普通枪套	警标委	继续有效
131	GA 810 - 2008	强制	自由伸缩式枪纲	警标委	继续有效
132	GA/T 754 - 2008	推荐	电子数据存储介质复制工具要求及检测方法	信安标委	继续有效
133	GA/T 755 - 2008	推荐	电子数据存储介质写保护设备要求及检测方法	信安标委	修订，已列入2013年度行业标准计划
134	GA/T 756 - 2008	推荐	数字化设备证据数据发现提取固定方法	信安标委	继续有效
135	GA/T 757 - 2008	推荐	程序功能检验方法	信安标委	继续有效
136	GA 40 - 2008	强制	道路交通事故案卷文书	交标委	继续有效
137	GA 482 - 2008	强制	中华人民共和国机动车驾驶证件	交标委	废止，已由 GA 482 - 2012 代替
138	GA 37 - 2008	强制	中华人民共和国机动车行驶证	交标委	继续有效
139	GA 801 - 2008	强制	机动车查验工作规程	交标委	废止，已由 GA/T 801 - 2013 代替
140	GA 802 - 2008	强制	机动车类型术语和定义	交标委	修订，已列入2013年度行业标准计划
141	GA 803 - 2008	强制	车辆和驾驶人管理印章	交标委	继续有效
142	GA 804 - 2008	强制	机动车号牌专用固封装置	交标委	继续有效
143	GA 805 - 2008	强制	机动车登记信息采集和签注规范	交标委	废止，已由 GA/T 946.2 - 2011 代替
144	GA 811 - 2008	强制	机动车检验合格标志	交标委	继续有效
145	GA/T 554 - 2008	推荐	机动车驾驶人场地驾驶技能考试系统	交标委	废止，已由 GA/T 1028.3 - 2012 代替
146	GA/Z 03 - 2008	指导	道路交通管理标准体系表	交标委	废止，最新稿报批中

第三节 2013 年标准概览

　　2013 年批准发布的公安标准共计 128 项（不含修改单）。以下根据标准化归口单位，按安标委、消标委、刑标委、信标委、通标委、警标委、信安标委、交标委、基标委的顺序，对2013年发布的标准进行概要介绍。各标委会的标准按先国家标准后行业标准，先强制性标准后推荐性标准、标准化指导性技术文件，标准顺序号由小到大的顺序进行排序，每项标准的主要内容包括提出单位、起草单位、实施日期、历次版本、标准范围等信息。

一、安标委归口管理的标准

1. GB/T 15211 – 2013 安全防范报警设备环境适应性要求和试验方法

本标准由全国安全防范报警系统标准化技术委员会（SAC/TC 100）归口，公安部安全与警用电子产品质量检测中心、北京中盾安全技术开发公司、公安部安全防范报警系统产品质量监督检验中心等单位起草，2013年12月31日发布，2015年3月1日实施，历次版本为GB/T 15211 – 1994。本标准规定了安全防范报警设备环境适应性的试验目的、试验方式、试验设备和试验程序，适用于以下安全防范报警系统中的设备：

　　a. 入侵报警系统；

　　b. 视频监控系统；

　　c. 出入口控制系统，包括楼宇对讲系统、电子巡查系统、停车场（库）安全管理系统等；

　　d. 公众求助系统；

　　e. 远程接收和/或监控中心；

　　f. a – e 子系统的组合和/或集成系统；

　　g. 含有电子装置的实体防护设备；

　　h. 发人体生物特征识别应用设备。

2. GB/T 30147 – 2013 安防监控视频实时智能分析设备技术要求

本标准由中华人民共和国公安部提出，全国安全防范报警系统标准化技术委员会（SAC/TC 100）归口，公安部第一研究所、北京中盾安全技术开发公司、北京智安邦科技有限公司等单位起草，2013年12月17日发布，2014年8月1日实施。本标准规定了安防监控视频实时智能分析设备的功能、性能、接口、电磁兼容性、环境适应性、试验方法、检验规则等，适用于安防监控中应用的视频实时智能分析设备，具有视频实时智能分析功能的摄像机及其他领域应用的视频实时智能分析装置可参考采用。

3. GB/T 30148 – 2013 安全防范报警设备电磁兼容抗扰度要求和试验方法

本标准由全国安全防范报警系统标准化技术委员会（SAC/TC 100）提出并归口，公安部安全与警用电子产品质量检测中心、北京中盾安全技术开发公司、公安部安全防范报警系统产品质量监督检验测试中心等单位起草，2013年12月17日发布，2014年8月1日实施。本标准规定了安全防范报警设备的电源电压适应性、电源电压暂降和短时中断抗扰度、静电放电抗扰度、射频电磁场辐射抗扰度、射频场感应的传导骚扰抗扰度、电快速瞬变脉冲群抗扰度、浪涌（冲击）抗扰度等电磁兼容抗扰度要求和试验方法，适用于以下安全防范报警系统中的设备：

　　a. 入侵报警系统；

　　b. 视频监控系统；

c. 出入口控制系统，包括楼宇对讲系统、电子巡查系统、停车场（库）安全管理系统等；

d. 公众求助系统；

e. 远程接收和 / 或监控中心；

f. a － e 各系统组合和 / 或集成系统；

g. 含有电子装置的实体防护设备；

h. 人体生物特征识别应用设备。

本标准不适用于特殊电磁环境中（如雷达等大功率发射装置附近）使用的安全防范报警设备。

4. GA 1051 － 2013 枪支弹药专用保险柜

本标准由公安部治安管理局提出，全国安全防范报警系统标准化技术委员会实体防护设备分技术委员会（SAC/TC 100/SC 1）归口，公安部治安管理局、国家安全防范报警系统产品质量监督检验中心（上海）、国家安全防范报警系统产品质量监督检验中心（北京）等单位起草，2013 年 3 月 11 日发布，2013 年 5 月 1 日实施。本标准规定了枪支弹药专用保险柜的分类、分级、标记以及技术要求、试验方法、检验规则等内容，适用于存放依法配备、配置的枪支或 / 和弹药的专用保险柜，是设计、制造、检验、验收和认证评价枪支弹药专用保险柜的技术依据。

5. GA 1081 － 2013 安全防范系统维护保养规范

本标准由全国安全防范报警系统标准化技术委员会（SAC/TC 100）提出并归口，北京联视神盾安防技术有限公司、SAC/TC 100 秘书处、北京声迅电子股份有限公司等单位起草，2013 年 7 月 4 日发布，2013 年 8 月 1 日实施。本标准规定了安全防范系统维护保养活动中的一般要求、工作程序、工作内容与要求、维护保养费用构成和计取等，适用于安全防范系统的维护保养活动。

6. GA 1089 － 2013 电力设施治安风险等级和安全防范要求

本标准由公安部治安管理局、国家能源局电力司提出，全国安全防范报警系统标准化技术委员会（SAC/TC 100）归口，公安部治安管理局、国家能源局电力司、中国电力企业联合会标准化中心等单位起草，2013 年 9 月 30 日发布，2013 年 11 月 1 日实施。本标准规定了电力设施的治安风险等级、安全防护要求、技术防范系统要求和系统建设运行维护要求，适用于水电站（含抽水蓄能电站）、火力发电站（含热电联产电站）、电网以及重要电力用户变电站或配电站等电力设施。

7. GA/T 72 － 2013 楼寓对讲电控安全门通用技术条件

本标准由中华人民共和国公安部科技信息化局提出，全国安全防范报警系统标准化技术委员会实体防护设备分技术委员会（SAC/TC 100/SC 1）归口，国家安全防范报警系统产品质量监督检验中心（上海）、重庆美心·麦森门业有限公司、盼盼安居门业有限公司等单位起草，2013 年 11 月 22 日发布，2014 年 1 月 1 日实施，历次版本为 GA/T 72 － 1994、GA/T 72 － 2005。本标准规定了楼寓对讲电控安全门的组成、产品级别和标记、技术要求、试验方法、检验规则、包装运输和储存，适用于楼寓出入口，具有对讲电控功能的安全门。

8. GA/T 1032 － 2013 张力式电子围栏通用技术要求

本标准由全国安全防范报警系统标准化技术委员会（SAC/TC 100）提出并归口，国家安全防范报警系统产品质量监督检验中心（上海）、国家安全防范报警系统产品质量监督检验中心（北京）、上海联腾通讯科技有限公司等单位起草，2013 年 1 月 9 日发布，2013 年 3 月 1 日实施。本标准规定了张力式电子围栏的定义、分类与分级要求、技术要求、试验方法、检验规则、标志、标记与说明书要求、包装、运输、贮存及安装要求，适用于张力式电子围栏的设计、制造、安装、检验。

9. GA/T 1060.1 – 2013 便携式放射性物质探测与核素识别设备通用技术要求　第 1 部分：γ 探测设备

GA/T 1060 的本部分由全国安全防范报警系统标准化技术委员会（SAC/TC 100）提出并归口，公安部安全防范报警系统产品质量监督检验测试中心、公安部安全与警用电子产品质量检测中心、同方威视技术股份有限公司等单位起草，2013 年 4 月 11 日发布，2013 年 8 月 1 日实施。本部分规定了便携式 γ 放射性物质探测设备的分类分级要求、技术要求、试验方法、检验规则、标志、包装、随机技术文件、运输和贮存，适用于利用各类辐射探测器对 γ 放射性物质进行探测的便携式设备，是设计、制造、验收和使用此类设备的基本依据。

10. GA/T 1060.2 – 2013 便携式放射性物质探测与核素识别设备通用技术要求　第 2 部分：识别设备

GA/T 1060 的本部分由全国安全防范报警系统标准化技术委员会（SAC/TC 100）提出并归口，公安部安全防范报警系统产品质量监督检验测试中心、公安部安全与警用电子产品质量检测中心、中国原子能科学研究院等单位起草，2013 年 4 月 11 日发布，2013 年 8 月 1 日实施。本部分规定了便携式核素识别设备的分类、技术要求、试验方法、检验规则、标志、包装、随机技术文件，本部分适用于利用各类辐射探测器对核素进行识别的便携式设备，运输和贮存，是设计、制造、验收和使用此类设备的基本依据。

11. GA/T 1067 – 2013 基于拉曼光谱技术的液态物品安全检查设备通用技术要求

本标准由全国安全防范报警系统标准化技术委员会（SAC/TC 100）提出并归口，公安部第三研究所、上海市公安局物证鉴定中心、公安部第一研究所等单位起草，2013 年 5 月 22 日发布，2013 年 10 月 1 日实施。本标准规定了在社会公共安全领域内基于拉曼光谱技术的液态物品安全检查设备的分类、技术要求、试验方法、检测规则、标志、包装、随机技术文件、运输和贮存，适用于基于拉曼光谱技术的台式或手持式液态物品安全检查设备，是设计、研制、检测和使用此类设备的基本依据。其他型式拉曼光谱技术类液态物品安检设备可参照使用本标准。

12. GA/T 1072 – 2013 基层公安机关社会治安视频监控中心（室）工作规范

本标准由公安部科技信息化局提出，全国安全防范报警系统标准化技术委员会（SAC/TC 100）归口，浙江省义乌市公安局、浙江警察学院起草，2013 年 7 月 26 日发布，2013 年 10 月 1 日实施。本标准规定了基层公安机关社会治安视频监控中心（室）工作的基本要求、管理制度、监控作业、视频信息应用管理、系统维护（修）管理、检查和监督等内容，适用于基层公安机关社会治安视频监控中心（室）的工作和管理。

13. GA/T 1093 – 2013 出入口控制人脸识别系统技术要求

本标准由全国安全防范报警系统标准化技术委员会人体生物特征识别应用分技术委员会（SAC/TC 100/SC 2）提出并归口，中国科学院自动化研究所、中国物联网研究发展中心、公安部第一研究所等单位起草，2013 年 12 月 16 日发布，2014 年 1 月 1 日实施。本标准规定了出入口控制人脸识别系统的技术要求和试验方法，适用于出入口控制应用中人脸识别系统的设计、开发和验收。

14. GA/T 1126 – 2013 近红外人脸识别设备技术要求

本标准由全国安全防范报警系统标准化技术委员会人体生物特征识别应用分技术委员会（SAC/TC 100/SC 2）提出并归口，中国科学院自动化研究所、中国物联网研究发展中心、公安部第一研究所等单位起草，2013 年 12 月 17 日发布，2014 年 1 月 1 日实施。本标准规定了近红外人脸识别设备的技术要求、试验方法、检验规则，适用于近红外人脸识别设备的设计、生产和检验。

15. GA/T 1127 – 2013 安全防范视频监控摄像机通用技术要求

本标准由全国安全防范报警系统标准化技术委员会（SAC/TC 100）提出并归口，公安部安全与警用电子产品质量检测中心、公安部第一研究所、北京中盾安全技术开发公司等单位起草，2013 年 12 月 20 日发布，2014 年 1 月 1 日实施。本标准规定了安全防范视频监控摄像机的分类与标识、技术要求、试验方法、检验规则、标志、包装、运输和贮存等技术要求，适用于安全防范视频监控系统中使用的摄像机，其他领域应用的摄像机可参考采用。

16. GA/T 1128 – 2013 安全防范视频监控高清晰度摄像机测量方法

本标准由全国安全防范报警系统标准化技术委员会（SAC/TC 100）提出并归口，公安部安全防范报警系统产品质量监督检验中心、公安部安全与警用电子产品质量检测中心、杭州海康威视数字技术股份有限公司等单位起草，2013 年 12 月 20 日发布，2014 年 1 月 1 日实施。本标准规定了安全防范视频监控高清晰度摄像机的测量仪器、测量条件和测量方法，适用于安全防范视频监控高清晰度摄像机图像质量、传输特性等性能的测量。

二、消标委归口管理的标准

1. GB 3446 – 2013 消防水泵接合器

本标准由中华人民共和国公安部提出，全国消防标准化技术委员会消防器具配件分技术委员会（SAC/TC 113/SC 5）归口，公安部上海消防研究所起草，2013 年 9 月 18 日发布，2014 年 8 月 1 日实施，历次版本为 GB 3446 – 1982、GB 3446 – 1993。本标准规定了消防水泵接合器的术语和定义、分类、技术要求、试验方法、检验规则及标志、包装，适用于消防管道中的各种消防水泵接合器。

2. GB 19572 – 2013 低压二氧化碳灭火系统及部件

本标准由中华人民共和国公安部提出，全国消防标准化技术委员会固定灭火系统分技术委员会（SAC/TC 113/SC 2）归口，公安部天津消防研究所、西安核设备有限公司、四川威特龙消防设备有限公司起草，2013 年 8 月 2 日发布，2014 年 8 月 1 日实施，历次版本为 GB 19572 – 2004。本标准规定了低压二氧化碳灭火系统及部件的术语和定义、分类、型号编制、要求、试验方法、检验规则、标志、标签及使用说明书等，适用于二氧化碳灭火剂以低压形式贮存的二氧化碳灭火系统。

3. GB 29415 – 2013 耐火电缆槽盒

本标准由中华人民共和国公安部提出，全国消防标准化技术委员建筑构件耐火性能分技术委员会（SAC/TC 113/SC 8）归口，公安部天津消防研究所、石狮市天宏金属制品有限公司起草，2013 年 8 月 2 日发布，2014 年 8 月 1 日实施。本标准规定了耐火电缆槽盒的术语和定义、产品分类、要求、试验方法、检验规则及标志、包装、运输和贮存，适用于工业与民用建筑中室内环境使用的、敷设 1

kV 以下电缆的耐火电缆槽盒。室外环境使用的耐火电缆槽盒可参考本标准。

4. GB 29837 – 2013 火灾探测报警产品的维修保养与报废

本标准由中华人民共和国公安部提出，全国消防标准化技术委员会火灾探测与报警分技术委员会（SAC/TC 113/SC 6）归口，公安部沈阳消防研究所、西安盛赛尔电子有限公司、海湾安全技术有限公司等单位起草，2013 年 11 月 12 日发布，2014 年 8 月 7 日实施。本标准规定了火灾探测报警产品的维修保养与报废要求，适用于设置在建筑中的火灾探测报警产品。其他特殊场所使用的火灾探测报警产品可参照执行。

5. GB 30051 – 2013 推闩式逃生门锁通用技术要求

本标准由中华人民共和国公安部提出，全国消防标准化技术委员会建筑构件耐火性能分技术委员会（SAC/TC 113/SC 8）归口，公安部天津消防研究所、北京科进天龙控制系统有限公司起草，2013 年 12 月 17 日发布，2014 年 11 月 1 日实施。本标准规定了推闩式逃生门锁的术语和定义、分类、要求、试验方法、检验规则及标志、包装、运输和贮存，适用于安装在疏散门上的推闩式逃生门锁。

6. GB 30122 – 2013 独立式感温火灾探测报警器

本标准由中华人民共和国公安部提出，全国消防标准化技术委员会火灾探测与报警分技术委员会（SAC/TC 113/SC 6）归口，公安部沈阳消防研究所、深圳市泛海三江电子有限公司起草，2013 年 12 月 17 日发布，2014 年 12 月 14 日实施。本标准规定了独立式感温火灾探测报警器的分类、要求、试验、检验规则、标志和使用说明书，适用于工业与民用建筑中安装使用的独立式感温火灾探测报警器。其他特殊环境中安装的、具有特殊性能的独立式感温火灾探测报警器，除特殊要求外，可参照执行本标准。

7. GB 50116 – 2013 火灾自动报警系统设计规范

本标准由公安部沈阳消防研究所主编，上海市公安消防总队、广东省公安消防总队、中国建筑东北设计研究院有限公司等单位参编，住房和城乡建设部批准，2013 年 9 月 6 日发布，2014 年 5 月 1 日实施，历次版本为 GB 50116 – 1998。本标准共分 12 章和 7 个附录，主要包括总则、术语、基本规定、消防联动控制设计、火灾探测器的选择、系统设备的设置、住宅建筑火灾自动报警系统、可燃气体探测报警系统、电气火灾监控系统、系统供电、布线、典型场所的火灾自动报警系统等内容，适用于新建、扩建和改建的建、构筑物中设置的火灾自动报警系统的设计，不适用于生产和贮存火药、炸药、弹药、火工品等场所设置的火灾自动报警系统的设计。

8. GB 50313 – 2013 消防通信指挥系统设计规范

本标准由公安部沈阳消防研究所主编，北京市公安消防总队、辽宁省公安消防总队、上海市公安消防总队等单位参编，住房和城乡建设部批准，2013 年 3 月 14 日发布，2013 年 10 月 1 日实施，历次版本为 GB 50313 – 2000。本标准共分 8 章，主要包括总则、术语、系统技术构成、系统功能与主要性能要求、子系统功能及其设计要求、系统的基础环境要求、系统通用设备和软件要求、系统设备配置要求等内容，适用于新建、改建、扩建的消防通信指挥系统设计。

9. GB 50898 – 2013 细水雾喷水灭火系统技术规范

本标准由公安部天津消防研究所主编，中国人民解放军总装备部工程设计研究总院、北京市公安消防总队、天津市公安消防总队等单位参编，住房和城乡建设部批准，2013 年 6 月 8 日发布，

2013 年 12 月 1 日实施。本规范共分 6 章和 7 个附录，主要包括总则、术语和符号、设计、施工、验收、维护管理等内容。

10. GB/T 18294.1 – 2013 火灾技术鉴定方法 第 1 部分：紫外光谱法

GB/T 18294 的本部分由中华人民共和国公安部提出，全国消防标准化技术委员会火灾原因调查分技术委员会（SAC/TC 113/SC 11）归口，公安部天津消防研究所起草，2013 年 9 月 18 日发布，2014 年 3 月 1 日实施，历次版本为 GB/T 18294.1 – 2001。本部分规定了火灾技术鉴定方法中紫外光谱法的术语和定义、试验原理、试验仪器、溶剂和材料以及试验方法，适用于对火灾现场汽油、煤油、柴油、油漆稀释剂等常见易燃液体及其燃烧残留物的鉴定，也适用于其他具有紫外特征吸收的火灾物证鉴定。

11. GB/T 24572.5 – 2013 火灾现场易燃液体残留物实验室提取方法 第 5 部分：吹扫捕集法

GB/T 24572 的本部分由中华人民共和国公安部提出，由全国消防标准化技术委员会火灾调查分技术委员会（SAC/TC 113/SC 11）归口，公安部天津消防研究所、辽宁省公安消防总队、黑龙江省公安消防总队等单位起草，2013 年 12 月 17 日发布，2014 年 5 月 1 日实施。本部分规定了实验室采用吹扫捕集法提取火灾现场中常见易燃液体残留物的原理与特性、材料与设备以及试验步骤，适用于实验室对火灾现场的汽油、煤油、柴油和油漆稀释剂等常见易燃液体残留物的提取。

12. GA 124 – 2013 正压式消防空气呼吸器

本标准由公安部消防局提出，全国消防标准化技术委员会消防员防护装备分技术委员会（SAC/TC 113/SC 12）归口，公安部上海消防研究所起草，2013 年 7 月 26 日发布，2013 年 9 月 1 日实施，历次版本为 GA 124 – 1996。本标准规定了正压式消防空气呼吸器的型号、系列、技术要求、试验方法、检验规则以及标志、包装、运输、贮存，适用于气瓶公称工作压力为 30MPa 的正压式消防空气呼吸器，不适用于氧气呼吸器、潜水呼吸器、负压式空气呼吸器和逃生用空气呼吸器。

13. GA 602 – 2013 干粉灭火装置

本标准由公安部消防局提出，全国消防标准化技术委员会固定灭火系统分技术委员会（SAC/TC 113/SC 2）归口，公安部天津消防研究所、山东环绿康新材料科技有限公司、国安达消防科技（厦门）有限公司等单位起草，2013 年 12 月 17 日发布，2014 年 3 月 1 日实施，历次版本为 GA 602 – 2006。本标准规定了干粉灭火装置的术语和定义、分类、型号编制、要求、试验方法、检验规则、使用说明书和标志、包装、运输、储存，适用于悬挂式、壁挂式和其他方式固定安装的干粉灭火装置，不适用于柜式和移动式干粉灭火装置。

14. GA 621 – 2013 消防员个人防护装备配备标准

本标准由公安部消防局提出，全国消防标准化技术委员会灭火救援分技术委员会（SAC/TC 113/SC 10）归口，公安部上海消防研究所起草，2013 年 1 月 10 日发布并实施，历次版本为 GA 621 – 2006。本标准规定了消防员个人防护装备的术语和定义、配备原则、配备要求以及管理与维护，适用于公安消防部队消防员个人防护装备的配备。其他形式消防队消防员个人防护装备的配备可参照本标准执行。

15 GA 622 – 2013 消防特勤队（站）装备配备标准

本标准由公安部消防局提出，全国消防标准化技术委员会灭火救援分技术委员会（SAC/TC

113/SC 10）归口，公安部上海消防研究所起草，2013 年 1 月 10 日发布并实施，历次版本为 GA 622 – 2006。本标准规定了公安消防特勤队（站）装备的术语和定义、配备原则、配备要求以及管理与维护，适用于公安消防部队的消防特勤队（站）以及普通消防站中抢险救援班的装备配备。其他承担消防特勤任务的企业消防站、民办消防站等装备配备，可参照本标准执行。

16. GA 1061 – 2013 消防产品一致性检查要求

本标准由公安部消防局提出，全国消防标准化技术委员会固定灭火系统分技术委员会（SAC/TC 113/SC 2）归口，公安部消防产品合格评定中心、公安部天津消防研究所、公安部上海消防研究所等单位起草，2013 年 3 月 26 日发布并实施。本标准规定了消防产品一致性检查的术语和定义、总则、方法、判定和处理，适用于消防产品认证初始工厂检查及证后监督管理工作的消防产品一致性检查，也可用于各类消防产品质量监督工作的产品一致性核查。

17. GA 1086 – 2013 消防员单兵通信系统通用技术要求

本标准由公安部消防局提出，全国消防标准化技术委员会消防通信分技术委员会（SAC/TC 113/SC 14）归口，公安部沈阳消防研究所、中国人民武装警察部队学院起草，2013 年 8 月 22 日发布，2013 年 9 月 1 日实施。本标准规定了消防员单兵通信系统的术语和定义、构成和通用技术要求，适用于消防员单兵通信系统及系统中相关设备、模块的设计与配备。

18. GA/T 110 – 2013 建筑构件用防火保护材料通用要求

本标准由公安部消防局提出，全国消防标准化技术委员会防火材料分技术委员会（SAC/TC 113/SC 7）归口，公安部四川消防研究所起草，2013 年 3 月 11 日发布，2013 年 4 月 1 日实施，历次版本为 GA 110 – 1995。本标准规定了建筑构件用防火保护材料的术语和定义、分类、要求、试验方法、检验规则和标志、包装、运输、贮存，适用于除木结构以外的各类建筑构件的防火保护材料，不适用于饰面型防火涂料。

19. GA/T 536.1 – 2013 易燃易爆危险品　火灾危险性分级及试验方法　第 1 部分：火灾危险性分级

GA/T 536 的本部分由公安部消防局提出，全国消防标准化技术委员会基础标准分技术委员会（SAC/TC 113/SC 1）归口，公安部天津消防研究所起草，2013 年 8 月 12 日发布并实施，历次版本为 GA/T 536.1 – 2005。本部分规定了易燃易爆危险品的火灾危险性分级及对应的试验方法，适用于需要确定火灾危险性分级的易燃易爆危险品。

20. GA/T 536.7 – 2013 易燃易爆危险品　火灾危险性分级及试验方法　第 7 部分：易燃气雾剂分级试验方法

GA/T 536 的本部分由公安部消防局提出，全国消防标准化技术委员会基础标准分技术委员会（SAC/TC 113/SC 1）归口，公安部天津消防研究所、吉林市宏源科学仪器有限公司起草，2013 年 8 月 16 日发布并实施。本部分规定了易燃气雾剂的火灾危险性分级试验方法，适用于需要确定火灾危险性分级的喷雾气雾剂和泡沫气雾剂。

21. GA/T 1040 – 2013 建筑倒塌事故救援行动规程

本标准由公安部消防局提出，全国消防标准化技术委员会灭火救援分技术委员会（SAC/TC 113/SC 10）归口，公安部消防局、中国地震应急搜救中心、浙江省公安消防总队起草，2013 年 1 月 5 日发布并实施。本标准规定了建筑倒塌事故救援的术语和定义、总则、救援程序和行动要求，适用于公安消防部队处置建筑倒塌事故的救援行动。专职消防队等其他专业救援队伍进行建筑倒塌事故救援时可参照执行。

三、刑标委归口管理的标准

1. GB/T 29635 - 2013 疑似毒品中海洛因的气相色谱、气相色谱 - 质谱检验方法

本标准由全国刑事技术标准化技术委员会毒物分析标准化分技术委员会（SAC/TC 179/SC 1）提出并归口，公安部物证鉴定中心起草，2013 年 7 月 19 日发布，2013 年 11 月 1 日实施。本标准规定了海洛因的气相色谱 - 质谱（GC - MS）定性分析和气相色谱（GC）定量分析，适用于毒品案件固体样品中海洛因的定性定量检验鉴定。

2. GB/T 29636 - 2013 疑似毒品中甲基苯丙胺的气相色谱、高效液相色谱和气相色谱 - 质谱检验方法

本标准由全国刑事技术标准化技术委员会毒物分析标准化分技术委员会（SAC/TC 179/SC 1）提出并归口，公安部物证鉴定中心、上海市公安局物证鉴定中心起草，2013 年 7 月 19 日发布，2013 年 11 月 1 日实施。本标准规定了甲基苯丙胺的气相色谱 - 质谱（GC - MS）定性分析和气相色谱（GC）、高效液相色谱（HPLC）定量分析，适用于毒品案件固体样品中甲基苯丙胺的定性定量检验鉴定。

3. GB/T 29637 - 2013 疑似毒品中氯胺酮的气相色谱、气相色谱 - 质谱检验方法

本标准由全国刑事技术标准化技术委员会毒物分析标准化分技术委员会（SAC/TC 179/SC 1）提出并归口，公安部物证鉴定中心起草，2013 年 7 月 19 日发布，2013 年 11 月 1 日实施。本标准规定了氯胺酮的气相色谱 - 质谱（GC - MS）定性分析和气相色谱（GC）定量分析，适用于毒品案件固体样品中氯胺酮的定性定量检验鉴定。

4. GA/T 1008.1 ~ 1008.12 - 2013 常见毒品的气相色谱、气相色谱 - 质谱检验方法

本标准由全国刑事技术标准化技术委员会毒物分析标准化分技术委员会（SAC/TC 179/SC 1）提出并归口，公安部物证鉴定中心起草，2013 年 1 月 16 日发布，2013 年 3 月 1 日实施。本标准规定了鸦片中有效成分吗啡、可待因、蒂巴因、罂粟碱、那可汀的气相色谱 - 质谱（GC - MS）定性分析和吗啡的气相色谱（GC）定量分析，适用于毒品案件固体样品中吗啡、可待因、蒂巴因、罂粟碱、那可汀的定性检验鉴定及吗啡的定量检验鉴定。《常见毒品的气相色谱、气相色谱 - 质谱检验方法》分为 12 个部分：

——第 1 部分：鸦片中五种成分；

——第 2 部分：吗啡；

——第 3 部分：大麻中三种成分；

——第 4 部分：可卡因；

——第 5 部分：二亚甲基双氧安非他明；

——第 6 部分：美沙酮；

——第 7 部分：安眠酮；

——第 8 部分：三唑仑；

——第 9 部分：艾司唑仑；

——第 10 部分：地西泮；

——第 11 部分：溴西泮；

——第 12 部分：氯氮卓。

5. GA/T 1017 – 2013 现场视频分布图编制规范

本标准由公安部刑事侦查局提出，全国刑事技术标准化技术委员会照相检验分技术委员会（SAC/TC 179/SC 5）归口，浙江省公安厅物证鉴定中心、广东省公安厅刑事技术中心起草，2013 年 5 月 13 日发布并实施。本标准规定了现场视频分布图编制的具体方法和要求，适用于法庭科学领域声像资料检验鉴定中的现场视频分布图编制，视频侦查中使用的现场视频分布图可参照本标准进行绘制。

6. GA/T 1018 – 2013 视频中物品图像检验技术规范

本标准由公安部刑事侦查局提出，全国刑事技术标准化技术委员会照相检验分技术委员会（SAC/TC 179/SC 5）归口，浙江省公安厅物证鉴定中心、宁波市公安局、公安部物证鉴定中心起草，2013 年 5 月 13 日发布并实施。本标准规定了视频中物品图像检验的步骤和方法，适用于法庭科学领域声像资料检验鉴定中的视频中物品图像检验。

7. GA/T 1019 – 2013 视频中车辆图像检验技术规范

本标准由公安部刑事侦查局提出，全国刑事技术标准化技术委员会照相检验分技术委员会（SAC/TC 179/SC 5）归口，浙江省公安厅物证鉴定中心、公安部物证鉴定中心、江苏省公安厅物证鉴定中心起草，2013 年 5 月 13 日发布并实施。本标准规定了视频中车辆图像检验的步骤和方法，适用于法庭科学领域声像资料检验鉴定中的视频中车辆图像检验，摩托车、自行车等其他车辆图像检验可参照执行。

8. GA/T 1020 – 2013 视频中事件过程检验技术规范

本标准由公安部刑事侦查局提出，全国刑事技术标准化技术委员会照相检验分技术委员会（SAC/TC 179/SC 5）归口，浙江省公安厅物证鉴定中心、公安部物证鉴定中心、中国刑事警察学院起草，2013 年 5 月 13 日发布并实施。本标准规定了视频中事件过程检验的步骤和要求，适用于法庭科学领域声像资料检验鉴定中的视频中事件过程检验。

9. GA/T 1021 – 2013 视频图像原始性检验技术规范

本标准由公安部刑事侦查局提出，全国刑事技术标准化技术委员会照相检验分技术委员会（SAC/TC 179/SC 5）归口，中国刑事警察学院、公安部物证鉴定中心、中国人民公安大学等单位起草，2013 年 5 月 13 日发布并实施。本标准规定了视频图像原始性检验过程的步骤和要求，适用于法庭科学领域声像资料检验鉴定过程中的视频图像原始性检验。

10. GA/T 1022 – 2013 视频图像真实性检验技术规范

本标准由公安部刑事侦查局提出，全国刑事技术标准化技术委员会照相检验分技术委员会（SAC/TC 179/SC 5）归口，中国刑事警察学院、浙江省公安厅物证鉴定中心、公安部物证鉴定中心等单位起草，2013 年 5 月 13 日发布并实施。本标准规定了视频图像真实性检验过程的步骤和要求，适用于法庭科学领域声像资料检验鉴定过程中的视频图像真实性检验。

11. GA/T 1023 – 2013 视频中人像检验技术规范

本标准由公安部刑事侦查局提出，全国刑事技术标准化技术委员会照相检验分技术委员会（SAC/TC 179/SC 5）归口，广东省公安厅刑事技术中心、浙江省公安厅物证鉴定中心、广州市公安局越秀分局等单位起草，2013 年 5 月 13 日发布并实施。本标准规定了视频中人像检验的步骤和方法，适用于法庭科学领域声像资料鉴定中的视频中人像检验鉴定技术。

12. GA/T 1024 – 2013 视频画面中目标尺寸测量方法

本标准由公安部刑事侦查局提出，全国刑事技术标准化技术委员会照相检验分技术委员会（SAC/TC 179/SC 5）归口，浙江警察学院、浙江省公安厅物证鉴定中心、公安部物证鉴定中心等单位起草，2013 年 5 月 13 日发布并实施。本标准规定了视频画面中目标尺寸测量的基本方法，适用于法庭科学领域声像资料鉴定中的视频画面中目标尺寸的测量。

13. GA/T 1069 – 2013 法庭科学电子物证手机检验技术规范

本标准由全国刑事技术标准化技术委员会电子物证检验分技术委员会（SAC/TC 179/SC 7）提出并归口，黑龙江省公安厅刑事技术总队、公安部物证鉴定中心起草，2013 年 5 月 23 日发布，2013 年 6 月 1 日实施。本标准规定了手机检验方法，适用于法庭科学领域中电子物证检验。

14. GA/T 1070 – 2013 法庭科学计算机开关机时间检验技术规范

本标准由全国刑事技术标准化技术委员会归口，中国人民公安大学刑事科学技术系、公安部物证鉴定中心起草，2013 年 9 月 30 日发布并实施。本标准规定了电子物证检验中操作系统为 Windows 2000、Windows XP、Windows 2003、Windows Vista、Windows 7 的计算机开关机时间的检验方法，适用于法庭科学领域中的电子物证检验。

15. GA/T 1071 – 2013 法庭科学电子物证 Windows 操作系统日志检验技术规范

本标准由全国刑事技术标准化技术委员会电子物证检验分技术委员会（SAC/TC 179/SC 7）提出并归口，中国刑事警察学院司法鉴定中心、公安部物证鉴定中心起草，2013 年 5 月 27 日发布，2013 年 6 月 1 日实施。本标准规定了 Windows 操作系统，包括 Windows 2000、Windows XP、Windows 2003、Windows Vista 和 Windows 7 日志检验的方法，适用于法庭科学领域中的电子物证检验。

16. GA/T 1073 – 2013 生物样品血液、尿液中乙醇、甲醇、正丙醇、乙醛、丙酮、异丙醇和正丁醇的顶空 – 气相色谱检验法

本标准由全国刑事技术标准化技术委员会毒物分析分技术委员会（SAC/TC 179/SC 1）提出并归口，司法部司法鉴定科学技术研究所起草，2013 年 6 月 28 日发布并实施。本标准规定了生物样品血液、尿液中乙醇、甲醇、正丙醇、乙醛、丙酮、异丙醇和正丁醇的顶空 – 气相色谱（HS – GC）检验方法，适用于生物样品血液、尿液中乙醇、甲醇、正丙醇、乙醛、丙酮、异丙醇和正丁醇的定性及定量分析。

17. GA/T 1074 – 2013 生物样品中 γ – 羟基丁酸的气相色谱 – 质谱和液相色谱 – 串联质谱检验方法

本标准由全国刑事技术标准化技术委员会毒物分析分技术委员会（SAC/TC 179/SC 1）提出并归口，司法部司法鉴定科学技术研究所起草，2013 年 6 月 28 日发布并实施。本标准规定了生物样品中 γ – 羟基丁酸（γ – hydroxybutyric acid，简称 GHB）的气相色谱 – 质谱（GC – MS）和

液相色谱－串联质谱（LC－MS/MS）检验方法，适用于生物样品（血液、尿液、组织及毛发）中 GHB 的定性及定量分析。

四、信标委归口管理的标准

1. GA 448－2013 居民身份证总体技术要求

本标准由公安部治安管理局提出，公安部计算机与信息处理标准化技术委员会归口，公安部第一研究所、公安部治安管理局起草，2013 年 5 月 27 日发布并实施，历次版本为 GA 448－2003。本标准规定了中华人民共和国居民身份证证件的总体技术要求，适用于中华人民共和国居民身份证证件的制作、管理和使用。

2. GA 450－2013 台式居民身份证阅读器通用技术要求

本标准由公安部治安管理局提出，公安部计算机与信息处理标准化技术委员会归口，公安部第一研究所、公安部治安管理局、公安部安全与警用电子产品质量检测中心等单位起草，2013 年 1 月 9 日发布并实施，历次版本为 GA 450－2003。本标准规定了台式居民身份证阅读器的技术要求、试验方法、检验规则、标志、包装、运输和储存，适用于台式居民身份证阅读器。

3. GA 458－2013 居民身份证质量要求

本标准由公安部治安管理局提出，公安部计算机与信息处理标准化技术委员会归口，公安部第一研究所、公安部治安管理局起草，2013 年 5 月 28 日发布并实施，历次版本为 GA 458－2004。本标准规定了中华人民共和国居民身份证的质量要求、检验方法、检验规则、包装、标志、运输和储存，适用于中华人民共和国居民身份证的制作、检验和管理。

4. GA 467－2013 居民身份证验证安全控制模块接口技术规范（内部发行）

5. GA 490－2013 居民身份证机读信息规范

本标准由公安部治安管理局提出，公安部计算机与信息处理标准化技术委员会归口，公安部第一研究所、公安部治安管理局起草，2013 年 1 月 9 日发布并实施，历次版本为 GA 490－2004。本标准规定了中华人民共和国居民身份证机读信息的表示方法，适用于居民身份证的制作、检测、管理和应用。

6. GA/T 449－2013 居民身份证术语

本标准由公安部治安管理局提出，公安部计算机与信息处理标准化技术委员会归口，公安部第一研究所、公安部治安管理局起草，2013 年 10 月 15 日发布并实施，历次版本为 GA 449－2003。本标准规定了中华人民共和国居民身份证的基本术语，适用于中华人民共和国居民身份证的制作、管理和使用。

7. GA/T 624.3－2013 枪支管理信息规范 第 3 部分：枪支型号代码

GA/T 624 的本部分由公安部治安管理局提出，公安部计算机与信息处理标准化技术委员会归口，公安部治安管理局起草，2013 年 9 月 30 日发布并实施，历次版本为 GA 624.3－2006。本部分规定了枪支管理信息中的枪支型号代码，适用于枪支管理信息的数据处理、交换和共享。

8. GA/T 624.4－2013 枪支管理信息规范 第 4 部分：弹药型号代码

GA/T 624 的本部分由公安部治安管理局提出，公安部计算机与信息处理标准化技术委员会归口，公安部治安管理局起草，2013 年 9 月 30 日发布并实施，历次版本为 GA 624.4 - 2006。本部分规定了枪支管理信息中的弹药型号代码，适用于枪支管理信息的数据处理、交换和共享。

9. GA/T 1037 - 2013 消防指挥调度网网络设备和服务器命名规范

本标准由公安部消防局提出，公安部计算机与信息处理标准化技术委员会归口，公安部沈阳消防研究所起草，2013 年 1 月 17 日发布并实施。本标准规定了消防指挥调度网网络设备和服务器的命名规则，适用于消防指挥调度网的建设和运行管理。

10. GA/T 1046 - 2013 居民身份证指纹采集基本规程

本标准由公安部治安管理局提出，公安部计算机与信息处理标准化技术委员会归口，公安部第一研究所、公安部治安管理局、公安部安全与警用电子产品质量检测中心等单位起草，2013 年 1 月 9 日发布并实施。本标准规定了居民身份证指纹采集的基本规则和操作基本流程，适用于居民身份证指纹采集。

11. GA/T 1053 - 2013 数据项标准编写要求

本标准由公安部科技信息化局提出，公安部计算机与信息处理标准化技术委员会归口，公安部科技信息化局、公安部第一研究所起草，2013 年 5 月 22 日发布并实施。本标准规定了公共安全行业数据项标准的编写要求，适用于公共安全行业数据项标准的编写。

12. GA/T 1054.1 - 2013 公安数据元限定词（1）

本标准由公安部治安管理局提出，公安部计算机与信息处理标准化技术委员会归口，公安部治安管理局、浙江省公安厅治安总队、福建省公安厅治安总队等单位起草，2013 年 5 月 21 日发布并实施。本标准规定了 125 个公安数据元限定词，适用于公安信息化建设、应用和管理。

13. GA/T 1085 - 2013 手持式移动警务终端通用技术要求

本标准由公安部科技信息化局和公安部装备财务局提出，公安部计算机与信息处理标准化技术委员会归口，公安部第一研究所、公安部科技信息化局、公安部装备财务局等单位起草，2013 年 8 月 22 日发布并实施。本标准规定了手持式移动警务终端的技术要求、试验方法、检验规则及标志、包装、运输、贮存，适用于手持式移动警务终端的设计、生产和应用。

14. GA/T 1090 - 2013 天气状况分类与代码

本标准由公安部消防局提出，公安部计算机与信息处理标准化技术委员会归口，公安部沈阳消防研究所、江西省公安消防总队、公安部第一研究所等单位起草，2013 年 10 月 28 日发布并实施。本标准规定了公安业务工作中涉及的天气状况的分类与代码，适用于公安信息化建设以及信息的处理与管理。

15. GA 1091 - 2013 基于 13.56MHz 的电子证件芯片环境适应性评测规范

本标准由公安部第一研究所提出，公安部计算机与信息处理标准化技术委员会归口，公安部第一研究所起草，2013 年 10 月 14 日发布并实施。本标准规定了基于 13.56MHz 的电子证件芯片电气、气候、机械环境和制卡工艺匹配性的试验项目、试验方法，以及环境适应性评测规则，适用于采用 13.56MHz 射频工作模式的电子证件芯片评测。

五、通标委归口管理的标准

1. GA/T 1056 – 2013 警用数字集群（PDT）通信系统 总体技术规范

本标准由公安部科技信息化局提出，公安部通信标准化技术委员会归口，公安部科技信息化局、杭州承联通信技术有限公司、海能达通信股份有限公司等单位起草，2013 年 3 月 20 日发布并实施。本标准规定了警用数字集群（PDT）通信系统的技术特性、系统构成和功能要求、工作频段、地址与识别码、网络管理、信道设备基本性能指标、交流供电系统、信息安全和保密、环境和电磁兼容、可靠性等总体性要求，适用于警用数字集群（PDT）通信系统的总体规划、网络设计、设备开发、生产、工程建设和验收。

2. GA/T 1057 – 2013 警用数字集群（PDT）通信系统技术规范 空中接口物理层及数据链路层技术规范

本标准由公安部科技信息化局提出，公安部通信标准化技术委员会归口，公安部科技信息化局、海能达通信股份有限公司、杭州承联通信技术有限公司等单位起草，2013 年 3 月 20 日发布并实施。本标准规定了警用数字集群（PDT）通信系统空中接口物理层及数据链路层技术规范，包括整体协议架构、空口中接口定义、协议数据单元描述、数据协议、应用和业务等内容，适用于警用数字集群（PDT）通信系统的设计、制造和验收。

3. GA/T 1058 – 2013 警用数字集群（PDT）通信系统技术规范 空中接口呼叫控制层技术规范

本标准由公安部科技信息化局提出，公安部通信标准化技术委员会归口，公安部科技信息化局、杭州承联通信技术有限公司、海能达通信股份有限公司等单位起草，2013 年 3 月 20 日发布并实施。本标准规定了警用数字集群（PDT）通信系统空中接口呼叫控制层的内容，适用于警用数字集群（PDT）通信系统的设计、制造和验收。

4. GA/T 1059 – 2013 警用数字集群（PDT）通信系统 安全技术规范

本标准由公安部科技信息化局提出，公安部通信标准化技术委员会归口，公安部科技信息化局、公安部第一研究所起草，2013 年 3 月 20 日发布并实施。本标准规定了应用于警用数字集群（PDT）通信系统中鉴权、空中接口安全和端到端安全等方面的技术规范和要求，适用于警用数字集群（PDT）通信系统安全加密子系统的建设和应用。

5.GA/T 1092 – 2013 公安 350 兆模拟集群通信系统互联接口技术规范

本标准由公安部科技信息化局提出，公安部通信标准化技术委员会归口，公安部科技信息化局、公安部第一研究所、杭州优能通信科技有限公司等单位起草，2013 年 10 月 15 日发布并实施。本标准规定了公安 350 兆模拟集群通信系统间互联的基本准则、联网的功能要求、接口网络协议结构、联网接口信令格式等，适用于公安 350 兆模拟集群通信系统异型系统间实现联网的接口设备开发和系统联调。

六、警标委归口管理的标准

1. GA 1042 – 2013 警用电源车

本标准由公安部装备财务局提出，公安部特种警用装备标准化技术委员会归口，公安部装备财务局、公安部第一研究所、北京安龙科技集团有限公司等单位起草，2013 年 2 月 20 日发布，2013

年4月1日实施。本标准规定了警用电源车的术语和定义、分类和代号、技术要求、试验方法、检验规则、标志、运输与贮存，适用于汽车整车或二类底盘改装的输出工频（50Hz）三相交流电的警用电源车。

2. GA 1052.1 ~ 1052.7 – 2013 警用帐篷

本标准由公安部装备财务局提出，公安部特种警用装备标准化技术委员会归口，公安部装备财务局、公安部第一研究所、南京际华三五二一特种装备有限公司等单位起草，2013年3月7日发布，2013年4月1日实施。本标准规定了警用单帐篷的代号、要求、试验方法、检验规则及标志、包装、运输与贮存，适用于以深蓝色涤纶涂层牛津布为面料缝制的篷体，与以焊接钢管为框架组合而成的警用帐篷的生产、检验与订购。《警用帐篷》分为七个部分：

——第1部分：12 m² 单帐篷；

——第2部分：12 m² 棉帐篷；

——第3部分：24 m² 单帐篷；

——第4部分：24 m² 棉帐篷；

——第5部分：60 m² 单帐篷；

——第6部分：60 m² 棉帐篷；

——第7部分：厕所帐篷。

3. GA 1068 – 2013 警用船艇外观制式涂装规范

本标准由公安部装备财务局提出，公安部特种警用装备标准化技术委员会归口，公安部装备财务局、湖北省公安厅装备财务处、重庆市公安局警务保障部等单位起草，2013年7月26日发布并实施。本标准规定了公安机关使用的警用船艇外观制式涂装规范的标识式样要求、涂装方式、涂装要素、试验方法和判定规则，适用于公安机关使用的警用船艇外观制式标识的涂装。

4. GA 1124 – 2013 长警棍

本标准由中国人民武装警察部队装备研究所提出，公安部特种警用装备标准化技术委员会归口，中国人民武装警察部队装备研究所、公安部第一研究所、公安部特种警用装备质量监督检验中心等单位起草，2013年11月29日发布，2014年1月1日实施。本标准规定了长警棍的术语和定义、分类和代号、技术要求、试验方法、检验规则、包装、运输和贮存，适用于长警棍。

5. GA 1125 – 2013 T 型警棍

本标准由公安部特种警用装备质量监督检验中心提出，公安部特种警用装备标准化技术委员会归口，公安部特种警用装备质量监督检验中心、中国人民武装警察部队装备研究所、保定市公安头盔厂等单位起草，2013年11月29日发布，2014年1月1日实施。本标准规定了 T 型警棍的术语和定义、代号、技术要求、试验方法、检验规则、包装、运输和贮存，适用于 T 型警棍。

七、信安标委归口管理的标准

1. GA/T 1105 – 2013 信息安全技术　终端接入控制产品安全技术要求

本标准由公安部网络安全保卫局提出，公安部信息系统安全标准化技术委员会归口，公安部计算机信息系统安全产品质量监督检验中心、思科系统（中国）网络技术有限公司、杭州华三通信技术有限公司等单位起草，2013 年 10 月 15 日发布并实施。本标准规定了终端接入控制产品的安全功能要求、自身安全功能要求、安全保证要求和等级划分要求，适用于终端接入控制产品的设计、开发及检测。

2. GA/T 1106 – 2013 信息安全技术　电子签章产品安全技术要求

本标准由公安部网络安全保卫局提出，公安部信息系统安全标准化技术委员会归口，公安部计算机信息系统安全产品质量监督检验中心，深圳市艾泰克工程咨询监理有限公司，天津南大通用数据技术有限公司等单位起草，2013 年 10 月 15 日发布并实施。本标准规定了电子签章产品的安全功能要求、自身安全功能要求、安全保证要求及电子签章产品的等级划分要求，适用于电子签章产品的设计、开发及检测。

3. GA/T 1107 – 2013 信息安全技术　web 应用安全扫描产品安全技术要求

本标准由公安部网络安全保卫局提出，公安部信息系统安全标准化技术委员会归口，公安部计算机信息系统安全产品质量监督检验中心、杭州安恒信息技术有限公司、中联绿盟信息技术（北京）有限公司等单位起草，2013 年 10 月 15 日发布并实施。本标准规定了 web 应用安全扫描产品的安全功能要求、性能要求、自身安全功能要求、安全保证要求及等级划分要求，适用于 web 应用安全扫描产品的设计、开发及检测。

八、交标委归口管理的标准

1. GA 801 – 2013 机动车查验工作规程

本标准由公安部道路交通管理标准化技术委员会提出并归口，公安部交通管理科学研究所、公安部交通管理局车辆管理处起草，2013 年 1 月 9 日发布并实施，历次版本为 GA 801 – 2008。本标准规定了机动车查验的人员资质、项目、工作要求及其他相关要求，适用于公安机关交通管理部门和经公安机关交通管理部门考核合格并取得认可的单位对机动车进行查验。

2. GA/T 744 – 2013 汽车车窗玻璃遮阳膜

本标准由公安部道路交通管理标准化技术委员会归口，公安部交通管理科学研究所、国家道路交通安全产品质量监督检验中心起草，2013 年 8 月 22 日发布，2013 年 12 月 1 日实施，历次版本为 GA/T 744 – 2007。本标准规定了汽车车窗玻璃遮阳膜的技术要求、试验方法、检验规则和使用要求等，适用于汽车车窗玻璃遮阳膜的生产和检验，也适用于机动车安全技术检验。

3. GA/T 1014 – 2013 公安交通管理移动执法警务系统通用技术条件

本标准由公安部道路交通管理标准化技术委员会提出并归口，公安部交通管理科学研究所、广东省公安厅交通警察总队、山东省公安厅交通警察总队起草，2013 年 2 月 25 日发布，2013 年 5 月 1 日实施。本标准规定了公安交通管理移动执法警务系统的组成、功能、技术要求和验证要求等，适用于公安交通管理移动执法警务系统的建设和应用。

4. GA/T 1130 – 2013 道路交通管理业务自助服务系统技术规范

本标准由公安部道路交通管理标准化技术委员会提出并归口，公安部交通管理科学研究所、无锡华通智能交通技术开发有限公司起草，2013 年 12 月 31 日发布，2014 年 2 月 1 日实施。本标准规定了道路交通管理业务自助服务系统的组成、功能、技术要求和检测要求，适用于道路交通管理业务自助服务系统的开发、建设、检测和应用。

5. GA/T 1043 – 2013 道路交通技术监控设备运行维护规范

本标准由公安部道路交通管理标准化技术委员会提出并归口，公安部交通管理科学研究所、无锡市公安局交巡警支队、嘉兴市公安局交警支队起草，2013 年 1 月 16 日发布，2013 年 3 月 1 日实施。本标准规定了道路交通技术监控设备运行管理和维护要求，适用于道路交通技术监控设备运行管理和维护。

6. GA/T 1047 – 2013 道路交通信息监测记录设备设置规范

本标准由公安部道路交通管理标准化技术委员会提出并归口，公安部交通管理科学研究所、山西省公安厅交通警察总队、云南省公安厅交通警察总队等单位起草，2013 年 1 月 9 日发布，2013 年 3 月 1 日实施。本标准规定了道路交通信息监测记录设备的设置要求，适用于道路交通信息监测记录设备的设置。

7. GA/T 1049.1 – 2013 公安交通集成指挥平台通信协议　第 1 部分：总则

GA/T 1049 的本部分由公安部道路交通管理标准化技术委员会提出并归口，公安部交通管理科学研究所、无锡华通智能交通技术开发有限公司、北京易华录信息技术股份有限公司等单位起草，2013 年 2 月 20 日发布，2013 年 5 月 1 日实施。本部分规定了公安交通集成指挥平台与公安交通指挥系统内各基础应用系统数据通信的信息层通用技术要求、通信数据包结构、通信规程、通用操作与数据对象，适用于公安交通集成指挥平台和公安交通指挥系统内各基础应用系统的软件设计和开发。

8. GA/T 1049.2 – 2013 公安交通集成指挥平台通信协议　第 2 部分：交通信号控制系统

GA/T 1049 的本部分由公安部道路交通管理标准化技术委员会提出并归口，公安部交通管理科学研究所、无锡华通智能交通技术开发有限公司、南京莱斯信息技术股份有限公司等单位起草，2013 年 2 月 20 日发布，2013 年 5 月 1 日实施。本部分规定了公安交通集成指挥平台与交通信号控制系统的信息层之间的通信协议，适用于公安交通集成指挥平台、交通信号控制系统软件的设计和开发。

9. GA/T 1049.3 – 2013 公安交通集成指挥平台通信协议　第 3 部分：交通视频监视系统

GA/T 1049 的本部分由公安部道路交通管理标准化技术委员会提出并归口，公安部交通管理科学研究所、无锡华通智能交通技术开发有限公司、银江股份有限公司起草，2013 年 11 月 22 日发布，2014 年 1 月 1 日实施。本部分规定了公安交通集成指挥平台与交通视频监视系统信息层之间的通信协议，适用于公安交通集成指挥平台、交通视频监视系统的设计和开发。

10. GA/T 1049.4 – 2013 公安交通集成指挥平台通信协议　第 4 部分：交通流信息采集系统

GA/T 1049 的本部分由公安部道路交通管理标准化技术委员会提出并归口，公安部交通管理科学研究所、无锡华通智能交通技术开发有限公司、青岛海信网络科技股份有限公司等单位起草，2013 年 9 月 30 日发布，2014 年 1 月 1 日实施。本部分规定了公安交通集成指挥平台与交通流信息采集系统信息层之间的通信协议，适用于公安交通集成指挥平台、交通流信息采集系统软件的设计和开发。

11. GA/T 1049.5 – 2013 公安交通集成指挥平台通信协议　第 5 部分：交通违法监测记录系统

GA/T 1049 的本部分由公安部道路交通管理标准化技术委员会提出并归口，公安部交通管理科学研究所、无锡华通智能交通技术开发有限公司、上海电科智能系统股份有限公司等单位起草，2013

年 9 月 30 日发布，2014 年 1 月 1 日实施。本部分规定了公安交通集成指挥平台与交通违法监测记录系统信息层之间的通信协议，适用于公安交通集成指挥平台、交通违法监测记录系统软件的设计和开发。

12. GA/T 1049.6 – 2013 公安交通集成指挥平台通信协议 第 6 部分：交通信息发布系统

GA/T 1049 的本部分由公安部道路交通管理标准化技术委员会提出并归口，公安部交通管理科学研究所、无锡华通智能交通技术开发有限公司、南京莱斯信息技术股份有限公司起草，2013 年 9 月 30 日发布，2014 年 1 月 1 日实施。本部分规定了公安交通集成指挥平台与交通信息发布系统信息层之间的通信协议，适用于公安交通集成指挥平台、交通信息发布系统软件的设计和开发。

13. GA/T 1050 – 2013 汽车安全驾驶教育模拟装置

本标准由公安部道路交通管理标准化技术委员会提出并归口，公安部交通管理科学研究所、西南交通大学、成都合纵连横数字科技有限公司等单位起草，2013 年 2 月 22 日发布，2013 年 5 月 1 日实施。本标准规定了汽车安全驾驶教育模拟装置的术语和定义、组成、功能要求、技术要求及试验方法等，适用于汽车安全驾驶教育模拟装置的设计、生产、检验等。

14. GA/T 1055 – 2013 LED 道路交通诱导可变信息标志通信协议

本标准由公安部道路交通管理标准化技术委员会提出并归口，公安部交通管理科学研究所、无锡华通智能交通技术开发有限公司、上海三思电子工程有限公司等单位起草，2013 年 4 月 11 日发布，2013 年 5 月 1 日实施。本标准规定了 LED 道路交通诱导可变信息标志与中心控制机的串行接口和以太网接口的通信规程，适用于 LED 道路交通诱导可变信息标志与中心控制机之间的通信。

15. GA/T 1082 – 2013 道路交通事故信息调查

本标准由公安部道路交通管理标准化技术委员会提出并归口，公安部交通管理科学研究所、云南省公安厅交通警察总队、山西省公安厅交通警察总队等单位起草，2013 年 7 月 31 日发布，2013 年 10 月 1 日实施。本标准规定了道路交通事故信息调查的内容和方法，适用于道路交通事故的信息调查。

16. GA/T 1083 – 2013 机动车号牌用烫印膜

本标准由公安部道路交通管理标准化技术委员会提出并归口，公安部交通管理科学研究所、常州华格烫印科技有限公司、道明光学股份有限公司起草，2013 年 8 月 22 日发布，2013 年 12 月 1 日实施。本标准规定了机动车号牌用烫印膜的技术要求、试验方法、检验规则及包装、标志和贮存，适用于机动车号牌用烫印膜的生产与检验。

17. GA/T 1087 – 2013 道路交通事故痕迹鉴定

本标准由上海市公安局交通警察总队提出，公安部道路交通管理标准化技术委员会归口，司法部司法鉴定科学技术研究所、上海市公安局交通警察总队、北京市公安局交通管理局等单位起草，2013 年 8 月 26 日发布，2013 年 10 月 1 日实施。本标准规定了道路交通事故痕迹鉴定的内容、方法、综合评判和结论表述，适用于道路交通事故痕迹鉴定，道路以外的交通事故可参照执行。

18. GA/T 1088 – 2013 道路交通事故受伤人员治疗终结时间

本标准由上海市公安局交通警察总队提出，公安部道路交通管理标准化技术委员会归口，司法部司法鉴定科学技术研究所、上海市公安局交通警察总队、上海市卫生局起草，2013 年 10 月 11 日发布，2013 年 12 月 1 日实施。本标准规定了道路交通事故受伤人员临床治愈、临床稳定、治疗终结的时间，适用于道路交通事故受伤人员治疗终结时间的鉴定，也可适用于道路交通事故人身损害赔偿调解。

九、基标委归口管理的标准

1. GA 1033 - 2013 公安监管场所装备建设和保障规范（内部发行）

2. GA/T 1048.1 - 2013 标准汉译英要求　第 1 部分：术语

GA/T 1048 的本部分由公安部科技信息化局提出，公安部社会公共安全应用基础标准化技术委员会归口，公安部第一研究所起草，2013 年 1 月 31 日发布并实施。本部分规定了公共安全行业的标准术语汉译英的原则和要求，适用于公共安全行业的标准制修订过程中术语的汉译英，有关技术文件的编制可参考使用。

3. GA/T 1048.2 - 2013 标准汉译英要求　第 2 部分：标准名称

GA/T 1048 的本部分由公安部科技信息化局提出，公安部社会公共安全应用基础标准化技术委员会归口，公安部第一研究所起草，2013 年 1 月 31 日发布并实施。本部分规定了公共安全行业的标准名称汉译英的原则和要求，适用于公共安全行业的标准制修订过程中标准名称的汉译英，有关技术文件的编制可参考使用。

4. GA/T 1062 - 2013 IC 卡光标测试系统校准规范

本标准由公安部第一研究所提出，公安部社会公共安全应用基础标准化技术委员会归口，公安部第一研究所起草，2013 年 4 月 1 日发布，2013 年 5 月 1 日实施。本标准规定了 IC 卡光标测试系统的计量性能要求、通用技术要求、校准条件、校准项目和校准方法，适用于 IC 卡光标测试系统的首次校准、后续校准和使用中检验。

5. GA/T 1063 - 2013 感应加热设备校准规范

本标准由公安部第一研究所提出，公安部社会公共安全应用基础标准化技术委员会归口，公安部第一研究所起草，2013 年 4 月 1 日发布，2013 年 5 月 1 日实施。本标准规定了感应加热设备的计量性能要求、通用技术要求、校准条件、校准项目和校准方法、校准结果表达及复校时间间隔，适用于感应加热设备的首次校准、后续校准及使用中检验。

6. GA/T 1064 - 2013 X 射线源老化测试仪校准规范

本标准由公安部第一研究所提出，公安部社会公共安全应用基础标准化技术委员会归口，公安部第一研究所起草，2013 年 4 月 1 日发布，2013 年 5 月 1 日实施。本标准规定了 X 射线源老化测试仪的计量性能要求、通用技术要求、校准条件、校准项目和校准方法、校准结果表达及复校时间间隔，适用于 X 射线源老化测试仪的首次校准、后续校准和使用中检验。

7. GA/T 1065 - 2013 微计量 X 射线安全检查设备测试体校准规范

本标准由公安部第一研究所提出，公安部社会公共安全应用基础标准化技术委员会归口，公安部第一研究所起草，2013 年 4 月 1 日发布，2013 年 5 月 1 日实施。本标准规定了微剂量 X 射线安全检查设备测试体的术语和定义、计量性能要求、通用技术要求、材料性能确认、校准条件、和校准项目和及校准方法、校准结果表达及复校时间间隔，适用于微剂量 X 射线安全检查设备测试体的首次校准、后续校准及使用中检验。

8. GA/T 1066 – 2013 居民身份证阅读器校准规范

本标准由公安部第一研究所提出，公安部社会公共安全应用基础标准化技术委员会归口，公安部第一研究所起草，2013 年 4 月 1 日发布，2013 年 5 月 1 日实施。本标准规定了居民身份证阅读器的术语定义与缩略语、计量性能要求、功能要求、通用技术要求、校准条件、校准项目和校准方法、校准结果的处理及复校时间间隔，适用于作为计量器具使用的居民身份证阅读器的首次校准、后续校准和使用中检验。

9. GA/T 1084 – 2013 大型活动用液晶彩色监视器通用规范

本标准由公安部社会公共安全应用基础标准化技术委员会提出并归口，TCL 新技术（惠州）有限公司、深圳华视阳光科技有限公司、深圳市华德安科技有限公司等单位起草，2013 年 8 月 26 日发布，2013 年 9 月 30 日实施。本标准规定了大型活动用液晶彩色监视器的术语和定义、技术要求、测试方法、检验规则和标志、包装、运输、贮存等通用要求，适用于大型活动安全保卫用液晶彩色监视器的设计、制造、检验及相关安装要求，其他相关场所也可参照使用。

10. GA/Z 4 – 2013 社会治安预警等级评估规范

本指导性技术文件由中国人民公安大学提出，公安部社会公共安全应用基础标准化技术委员会归口，中国人民公安大学起草，2013 年 3 月 11 日发布并实施。本指导性技术文件给出了社会治安预警等级的术语和定义、预警类别与等级、预警指标、动向预警等级评估、状态预警等级评估、恶性案件预警等级评估以及预警等级，适用于公安机关为在公共安全领域预防和打击违法犯罪活动、维护社会治安秩序而进行的预警活动。

11. GA/Z 1129 – 2013 公安机关图像信息要素结构化描述要求

本指导性技术文件由公安部科技信息化局提出，公安部社会公共安全应用基础标准化技术委员会归口，公安部科技信息化局通信保障总站、公安部第一研究所、公安部第三研究所等起草，2013 年 12 月 25 日发布，2014 年 1 月 1 日实施。本指导性技术文件给出了公安机关图像信息数据库结构化要素的描述要求，适用于公安机关图像信息数据库的建设、管理和使用，其他领域的图像信息数据库也可参考采用。

第四节 2013 年标准制修订项目计划

2013 年，公安部科技信息化局根据"紧贴需求、突出重点、鼓励创新、系统规划"的立项原则，对 487 个申报项目，经汇总分类、比对查重、专家评审、征求意见等工作程序，研究确定了 2013 年度行业标准制修订项目计划和申报国家标准制修订项目计划，并逐步建立了以需求为导向的标准项目立项工作机制，强化标准项目的预研，强调标准项目的协调性、科学性和公正性。
2013年，分别有310项标准列入行业标准制修订项目计划，58项标准列入国家标准制修订项目
计划。

一、行业标准制修订项目计划

2013年7月，公安部科技信息化局下发《关于下达2013年度公共安全行业标准制修订项目计划的通知》（公科信标准［2013］46号），公布了《2013年度公共安全行业标准制修订项目计划》，共有310个项目列入计划。其中，安标委21个、消标委18个、刑标委82个、信标委106个、通标委4个、警标委17个、信安标委30个、交标委14个、基标委12个、物联网工作组5个、公安部科技信息化局1个。2013年度公安部标准制修订项目计划见表3－4－1。

表3－4－1 2013年度公安部标准制修订项目计划表（310项）

序号	项目名称	制定/修订	标准性质	项目起止日期	主要起草单位及负责人	归口单位
1	安全防范系统通用图形符号	修订 GA/T 74－2000	推荐	2013.4－2014.12	北京联视神盾安防技术有限公司/史彦林、王永升	安标委
2	电子防盗锁	修订 GA 374－2001	强制	2013.4－2014.12	公安部安全与警用电子产品质量检测中心、深圳市普罗巴克科技股份有限公司、德施曼机电（中国）有限公司、中山市杨格锁业有限公司、中山市铁神锁业有限公司、中山市高力制锁有限公司/任常青	安标委
3	防尾随联动互锁安全门通用技术条件	修订 GA 576－2005	强制	2013.4－2014.12	公安部安全与警用电子产品质量检测中心/唐锋	安标委
4	安全防范系统用线缆技术要求	制定	推荐	2013.4－2014.12	国家安全防范报警系统产品质量监督检验中心（北京）、上海爱谱华顿电子工业有限公司、浙江一舟电子科技股份有限公司、公安部第一研究所/李红升	安标委
5	安全防范工程 线缆应用技术规范	制定	推荐	2013.4－2014.12	公安部安全与警用电子产品质量检测中心、上海爱谱华顿电子工业有限公司、浙江一舟电子科技股份有限公司、公安部第一研究所、西安北方信息产业有限公司、北京富盛科技股份有限公司、北京艾克塞斯科技发展有限责任公司/席小雷	安标委

序号	项目名称	制定/修订	标准性质	项目起止日期	主要起草单位及负责人	归口单位
6	安防监控摄像机防护罩通用技术要求	制定	推荐	2013.4 - 2014.12	公安部安全与警用电子产品质量检测中心、天津市亚安科技股份有限公司/李红升	安标委
7	安全防范监控 数字视音频编解码标准符合性测试	制定	推荐	2013.4 - 2014.12	公安部第一研究所、公安部安全与警用电子产品质量检测中心、北京中星微电子有限公司/卢玉华	安标委
8	安防多模态生物特征识别应用 指静脉与指纹融合通用技术要求	制定	推荐	2013.1 - 2014.12	公安部第一研究所/侯鸿川	安标委
9	安防指纹识别应用 指纹识别设备要求	制定	推荐	2013.1 - 2014.12	公安部第一研究所/侯鸿川	安标委
10	安防指纹识别 数据交换格式一致性测试方法	制定	推荐	2013.5 - 2014.10	长春鸿达光电子与生物统计识别技术有限公司、公安部第一研究所、公安部第三研究所/王欣、刘爽	安标委
11	安防指纹识别应用 数据交换格式	制定	推荐	2013.5 - 2014.10	长春鸿达光电子与生物统计识别技术有限公司、公安部第一研究所、公安部第三研究所/王欣、刘爽	安标委
12	安防虹膜识别应用 数据交换格式	制定	推荐	2013.12 - 2014.10	长春鸿达光电子与生物统计识别技术有限公司、公安部第一研究所、公安部第三研究所/王欣、刘爽	安标委
13	安全防范视频监控图像信息安全接入公安信息网测试规范（申报名称：安全防范视频监控接入技术规范）	制定	推荐	2013.2 - 2014.10	国家安全防范报警系统产品质量监督检验中心（北京）、深圳市安防产业标准联盟/杨捷	安标委
14	金银珠宝经营场所安全防范要求（申报名称：金银珠宝场所安全防范要求）	制定	强制	2013.7 - 2014.12	公安部治安管理局七处/刘丽芳	安标委
15	大型商场超市安全防范要求	制定	强制	2013.3 - 2013.12	公安部治安管理局七处/刘丽芳	安标委
16	加油（气）站安全防范要求	制定	强制	2013.3 - 2013.12	公安部治安管理局七处/刘丽芳	安标委

序号	项目名称	制定 / 修订	标准性质	项目起止日期	主要起草单位及负责人	归口单位
17	公共供水系统安全防范要求（申报名称：供水系统安全防范要求）	制定	强制	2013.3 – 2013.12	公安部治安管理局七处 / 刘丽芳	安标委
18	银行自助设备防护舱安全防护要求	制定	强制	2013.2 – 2014.12	公安部治安管理局八处、公安部第一研究所 / 袁鹤	安标委
19	烟花爆竹储存库治安防范要求	制定	强制	2013.2 – 2014.6	公安部治安管理局十处 / 谢培江	安标委
20	电子雷管密码管理通则	制定	强制	2013.1 – 2014.12	公安部治安管理局十处 / 张国亮	安标委
21	寄递渠道安全防范要求	制定	强制	2013.2 – 2014.6	公安部治安管理局十六处 / 孙帆	安标委
22	轻便消防水龙	修订 GA 180 – 1998	强制	2013.1 – 2014.12	公安部天津消防研究所 / 刘连喜、韩伟平	消标委
23	非承重防火玻璃隔墙	修订 GA 97 – 1995	强制	2013.7 – 2014.12	公安部天津消防研究所 / 韩伟平	消标委
24	防火刨花板	修订 GA 87 – 1994	强制	2013.1 – 2014.12	公安部四川消防研究所 / 程道彬、谢乐涛	消标委
25	灭火器维修与报废规程	修订 GA 95 – 2007	强制	2013.1 – 2014.12	公安部上海消防研究所 / 毛毅平、朱青	消标委
26	消防用无线电话机技术要求和试验方法	修订 GA 14 – 1991	强制	2013.1 – 2014.12	公安部沈阳消防研究所 / 隋虎林、刘濛	消标委
27	建设工程消防验收评定规则	修订 GA 836 – 2009	强制	2013.7 – 2014.12	公安部消防局 / 刘激扬	消标委
28	建设工程消防设计文件审查规则	制定	强制	2013.7 – 2014.12	公安部消防局 / 刘激扬	消标委
29	消防产品市场准入信息管理	制定	强制	2013.1 – 2014.12	公安部消防产品合格评定中心 / 刘程	消标委
30	细水雾灭火装置	制定	强制	2013.1 – 2014.12	公安部天津消防研究所 / 刘连喜、韩伟平	消标委
31	七氟丙烷泡沫灭火系统	制定	强制	2013.1 – 2014.12	公安部天津消防研究所 / 刘连喜、白殿涛	消标委
32	喷水保护下的建筑物垂直分隔结构耐火性能试验方法	制定	推荐	2013.7 – 2015.6	公安部天津消防研究所 / 韩伟平	消标委

序号	项目名称	制定／修订	标准性质	项目起止日期	主要起草单位及负责人	归口单位
33	石油化工园区消防安全规划要求（申报名称：石油化工园区消防安全规划指南）	制定	推荐	2013.7 – 2014.6	公安部天津消防研究所／姚松经、韩伟平	消标委
34	消防员防蜂服	制定	强制	2013.1 – 2014.12	公安部上海消防研究所／沈坚敏、朱青	消标委
35	消防车辆动态管理装置 第3部分：消防车输出信息通信协议及数据格式	制定	推荐	2013.1 – 2014.12	公安部沈阳消防研究所／隋虎林、姜学贽	消标委
36	燃烧训练室技术要求	制定	推荐	2013.1 – 2014.12	中国人民武装警察部队学院／张学魁、刘建民	消标委
37	隧道灾害事故应急救援行动指南	制定	推荐	2013.1 – 2014.12	中国人民武装警察部队学院／张学魁	消标委
38	实体火消防训练规则	制定	推荐	2013.1 – 2014.12	中国人民武装警察部队学院／张学魁、李本利	消标委
39	消防标准体系研究	研究		2013.7 – 2014.6	公安部消防局／屈励	消标委
40	法庭科学 枪支致伤力的判据	修订 GA/T 718 – 2007	推荐	2013.1 – 2014.12	南京市公安局刑事科学技术研究所／季峻	刑标委
41	生物样品中斑蝥素的气相色谱－质谱检验方法	修订 GA/T 121 – 1995	推荐	2013.1 – 2014.12	公安部物证鉴定中心毒化处／张蕾萍、司法部司法鉴定科学技术研究所／刘伟、山西医科大学／贠克明、天津市公安局／王群	刑标委
42	生物样品中5种拟除虫菊酯类农药的气相色谱和气相色谱－质谱检验方法（原标准名：中毒检材中拟除虫菊酯类农药定性定量分析方法）	修订 GA/T 103 – 1995	推荐	2013.1 – 2014.12	公安部物证鉴定中心毒化处／栾玉静、山东省公安厅／高宏、福建省公安厅／李航麒、司法部司法鉴定科学技术研究所／刘伟	刑标委
43	血液、尿液中的苯、甲苯、乙苯和二甲苯的的顶空－气相色谱检验方法	修订 GA/T 204 – 1999	推荐	2013.1 – 2014.12	司法部司法鉴定科学技术研究所／刘伟、公安部物证鉴定中心／于忠山	刑标委

序号	项目名称	制定/修订	标准性质	项目起止日期	主要起草单位及负责人	归口单位
44	生物样品中磷化氢的气相色谱、气相色谱-质谱检验方法	修订 GA/T 208-1999	推荐	2013.1-2014.12	公安部物证鉴定中心毒化处/侯小平、中国刑事警察学院/朱昱、山西省公安厅/张爱东、司法部司法鉴定科学技术研究所/刘伟	刑标委
45	502手印熏显柜技术要求	修订 GA 419-2003	强制	2013.1-2014.12	公安部物证鉴定中心成果推广处/黄大明	刑标委
46	手印鉴定程序	修订 GA/T 724-2007	推荐	2013.1-2014.12	公安部物证鉴定中心指纹处/刘寰	刑标委
47	手印鉴定书的制作	修订 GA/T 145-1996	推荐	2013.1-2014.12	公安部物证鉴定中心指纹处/刘寰	刑标委
48	指纹专业名词术语	修订 GA/T 144-1996	推荐	2013.1-2014.12	中国人民公安大学/罗亚平	刑标委
49	猝死尸体检验	修订 GA/T 170-1997	推荐	2013.1-2014.12	华中科技大学同济医学院法医学系/陈新山	刑标委
50	中毒尸体检验规范	修订 GA/T 167-1997	推荐	2013.1-2014.12	华中科技大学同济医学院法医学系/周亦武	刑标委
51	法庭科学DNA数据库选用的基因座及其数据结构	修订 GA 469-2004	强制	2013.1-2014.12	公安部物证鉴定中心/刘冰	刑标委
52	机械性损伤尸体检验规范	修订 GA/T 168-1997	推荐	2013.1-2014.12	公安部物证鉴定中心法医病理损伤鉴定处/王坚	刑标委
53	机械性窒息尸体检验规范	修订 GA/T 150-1996	推荐	2013.1-2014.12	公安部物证鉴定中心法医病理损伤鉴定处/何光龙	刑标委
54	新生儿尸体检验	修订 GA/T 151-1996	推荐	2013.1-2014.12	北京法源司法科学证据鉴定中心/何颂跃	刑标委
55	法医病理学检材的提取、固定、包装及送检方法	修订 GA/T 148-1996	推荐	2013.1-2014.12	公安部物证鉴定中心法医病理损伤鉴定处/何光龙	刑标委
56	数字化审讯（讯问）记录系统技术要求	修订 GA/T 882-2010	推荐	2013.1-2014.12	公安部物证鉴定中心/许小京、最高人民检察院技术信息中心/幸生	刑标委
57	审讯过程录像规则	修订 GA/T 424-2003	推荐	2013.1-2014.12	安徽省公安厅物证鉴定管理处/郑根贤、中国人民公安大学刑事技术系/蒋占卿	刑标委
58	法庭科学 痕迹检验实验室质量控制规范	制定	推荐	2013.1-2014.12	公安部物证鉴定中心痕迹检验技术处/崔佳	刑标委

序号	项目名称	制定／修订	标准性质	项目起止日期	主要起草单位及负责人	归口单位
59	法庭科学 形象特征比对类技术方法的确认规范	制定	推荐	2013.1 – 2014.12	公安部物证鉴定中心痕迹检验技术处／刘晋	刑标委
60	法庭科学 凹陷痕迹样本制作规范	制定	指导性文件	2013.1 – 2014.12	上海市公安局物证鉴定中心／糜忠良	刑标委
61	法庭科学 枪械种类识别检验规范	制定	推荐	2013.1 – 2014.12	公安部物证鉴定中心涉枪案件侦查技术处／马新和	刑标委
62	法庭科学 炸药冲击波超压测定方法	制定	推荐	2013.1 – 2014.12	公安部物证鉴定中心涉爆案件侦查技术处／田保中	刑标委
63	法庭科学 立体鞋印形象特征检验技术规范	制定	推荐	2013.1 – 2014.12	中国刑事警察学院痕迹检验技术系／汤澄清	刑标委
64	法庭科学 涉枪案件纺织品上显现铜、铅元素判断射击距离的方法	制定	推荐	2013.1 – 2014.12	公安部物证鉴定中心涉枪案件侦查技术处／马新和	刑标委
65	法庭科学 自制电雷管检验方法	制定	推荐	2013.1 – 2014.12	公安部物证鉴定中心涉爆案件侦查技术处／田保中	刑标委
66	法庭科学 鞋底磨损特征的检验规范	制定	推荐	2013.1 – 2014.12	公安部物证鉴定中心痕迹处／刘晋	刑标委
67	毒物检验方法确认规范	制定	推荐	2013.1 – 2014.12	公安部物证鉴定中心毒化处／董颖、中国合格评定国家认可委员会／唐丹舟、司法部司法鉴定科学技术研究所／刘伟、河北省公安厅／施昆	刑标委
68	血液中乙醇代谢物乙基葡萄糖醛酸苷的气相色谱－串联质谱和液相色谱－串联质谱检验方法	制定	推荐	2013.1 – 2014.12	司法部司法鉴定科学技术研究所／刘伟、公安部物证鉴定中心／于忠山	刑标委
69	生物样品中地芬尼多的气相色谱、气相色谱－质谱检验方法	制定	推荐	2013.1 – 2014.12	中国人民公安大学／何洪源、公安部物证鉴定中心／于忠山	刑标委
70	生物体液中米氮平、氟西汀的气相色谱、气相色谱－质谱检验方法	制定	推荐	2013.1 – 2014.12	北京市公安局刑事侦查总队／乔静、公安部物证鉴定中心／于忠山	刑标委

序号	项目名称	制定/修订	标准性质	项目起止日期	主要起草单位及负责人	归口单位
71	生物样品中甲氰菊酯等四种拟除虫菊酯类农药及其代谢产物的液相色谱－串联质谱检测方法	制定	指导性文件	2013.1－2014.12	重庆市公安局物证鉴定中心／王俊伟、公安部物证鉴定中心／于忠山	刑标委
72	生物体液中氯化琥珀胆碱、维库溴铵的液相色谱－串联质谱检验方法	制定	指导性文件	2013.1－2014.12	公安部物证鉴定中心毒化处／王炯、杭州市公安局／应剑波、司法部司法鉴定科学技术研究所／刘伟、安徽省公安厅／张兴银、谢奇文	刑标委
73	生物样品中毒死蜱等5种有机磷农药快速溶剂萃取的气相色谱、气相色谱－质谱检验方法	制定	推荐	2013.1－2014.12	公安部物证鉴定中心毒化处／杜鸿雁、上海市公安局／张玉荣、黑龙江省公安厅／张吉林、司法部司法鉴定科学技术研究所／刘伟	刑标委
74	生物样品中涕灭威的气相色谱、气相色谱－质谱、液相色谱－串联质谱检验方法	制定	推荐	2013.1－2014.12	公安部物证鉴定中心毒化处／王瑞花、云南省玉溪市公安局／苏少明、山西医科大学／慰志文、司法部司法鉴定科学技术研究所／刘伟	刑标委
75	生物样品中红霉素、罗红霉素的液相色谱－质谱检验方法	制定	推荐	2013.1－2014.12	公安部物证鉴定中心毒化处／张云峰、湖北省公安厅／张银华 河南省焦作市公安局／张强、司法部司法鉴定科学技术研究所／刘伟	刑标委
76	生物样品中8种有机磷农药的凝胶渗透色谱净化－气相色谱和气相色谱－质谱检验方法	制定	推荐	2013.1－2014.12	公安部物证鉴定中心毒化处／栾玉静、山东省公安厅／高宏、云南省公安厅／李虹、司法部司法鉴定科学技术研究所／刘伟	刑标委
77	生物样品中河豚毒素的液相色谱－串联质谱法检验方法	制定	推荐	2013.1－2014.12	司法部司法鉴定科学技术研究所／刘伟、公安部物证鉴定中心／于忠山	刑标委
78	血液、尿液中铬、镉、砷、铊和铅的电感耦合等离子体质谱仪器检验方法	制定	推荐	2013.1－2014.12	司法部司法鉴定科学技术研究所／刘伟、公安部物证鉴定中心／于忠山	刑标委

序号	项目名称	制定/修订	标准性质	项目起止日期	主要起草单位及负责人	归口单位
79	生物体液中缩节胺、矮壮素的液相色谱－串联质谱检验方法	制定	指导性文件	2013.1 － 2014.12	公安部物证鉴定中心毒化处/王炯、浙江省公安厅物证鉴定中心/傅得峰、司法部司法鉴定科学技术研究所/刘伟、江西省公安厅/王洪宗	刑标委
80	生物样品中噻嗪酮的的气相色谱－质谱、液相色谱－串联质谱检验方法	制定	推荐	2013.1 － 2014.12	公安部物证鉴定中心毒化处/杜鸿雁、重庆市公安局/王俊伟、广州市公安局/刑若葵、司法部司法鉴定科学技术研究所/刘伟	刑标委
81	生物样品中林可霉素的液相色谱－串联质谱检验方法	制定	推荐	2013.1 － 2014.12	公安部物证鉴定中心毒化处/张云峰、深圳市公安局/李树辉、司法部司法鉴定科学技术研究所/刘伟、辽宁省公安厅/宋鸣	刑标委
82	生物样品中利多卡因的气相色谱－质谱和液相色谱－串联质谱检验方法	制定	推荐	2013.1 － 2014.12	公安部物证鉴定中心毒化处/张蕾萍、司法部司法鉴定科学技术研究所/刘伟、广西公安厅/黄克建、湖南省公安厅/尹坚英	刑标委
83	足迹宽幅强光灯技术要求	制定	推荐	2013.1 － 2014.12	北京和为永泰科技有限公司/康振海	刑标委
84	吗啡/甲基安非他明唾液检测试剂盒（胶体金免疫层析法）的通用要求	制定	推荐	2013.1 － 2014.12	北京市公安司法鉴定中心毒化室/张大明	刑标委
85	刑事案件现场图计算机绘制软件通用要求	制定	推荐	2013.1 － 2014.12	北京市公安局刑事侦查总队/钟涛	刑标委
86	指纹特征分类规范	制定	推荐	2013.1 － 2014.12	中国人民公安大学/罗亚平	刑标委
87	法庭科学 粉末显现手印技术规范 第1部分：荧光显现	制定	推荐	2013.1 － 2014.12	湖北警官学院/张剑	刑标委
88	法庭科学 茚二酮显现手印方法	制定	推荐	2013.1 － 2014.12	广东省公安厅刑事技术中心/张明辉	刑标委

序号	项目名称	制定/修订	标准性质	项目起止日期	主要起草单位及负责人	归口单位
89	法庭科学 胶带粘面手印显现技术规范 第1部分：碳微粒显现	制定	指导性文件	2013.1－2014.12	上海市公安局物证鉴定中心/孙胜军	刑标委
90	法庭科学 微粒悬浮液显现手印技术规范	制定	指导性文件	2013.1－2014.12	上海市公安局物证鉴定中心/孙胜军	刑标委
91	法庭科学 DNA实验室质量控制规范	制定	推荐	2013.1－2014.12	公安部物证鉴定中心/刘烁	刑标委
92	中国汉族青少年法医学骨龄鉴定准则	制定	推荐	2013.1－2014.12	司法部司法鉴定科学技术研究所/朱广友	刑标委
93	精神障碍者刑事责任能力评定准则	制定	推荐	2013.1－2014.12	司法部司法鉴定科学技术研究所/蔡伟雄	刑标委
94	人身损害受伤人员后续诊疗项目评定准则	制定	指导性文件	2013.1－2014.12	司法部司法鉴定科学技术研究所/蔡伟雄	刑标委
95	人身损害参与度评定准则	制定	推荐	2013.1－2014.12	中国政法大学证据科学研究院/常林	刑标委
96	微波消解、真空抽滤、扫描电镜联用的硅藻检验方法	制定	推荐	2013.1－2014.12	广州市刑事科学技术研究所/刘超	刑标委
97	视觉功能障碍法医学鉴定指南（申报名称：视觉功能障碍法医鉴定准则）	制定	推荐	2013.1－2014.12	司法部司法鉴定科学技术研究所/夏文涛	刑标委
98	语音同一认定技术规范	制定	推荐	2013.1－2014.12	公安部物证鉴定中心智能语音技术公安部重点实验室、最高人民检察院检察技术信息中心、司法部司法鉴定科学技术研究所/崔杰	刑标委
99	录音的真实性检验技术规范	制定	推荐	2013.1－2014.12	公安部物证鉴定中心智能语音技术公安部重点实验室、最高人民检察院检察技术信息中心、司法部司法鉴定科学技术研究所/崔杰	刑标委

序号	项目名称	制定/修订	标准性质	项目起止日期	主要起草单位及负责人	归口单位
100	降噪及提高语音信噪比技术规范	制定	推荐	2013.1 – 2014.12	公安部物证鉴定中心智能语音技术公安部重点实验室、最高人民检察院检察技术信息中心、司法部司法鉴定科学技术研究所/崔杰	刑标委
101	语音人身分析技术规范	制定	推荐	2013.1 – 2014.12	公安部物证鉴定中心智能语音技术公安部重点实验室、最高人民检察院检察技术信息中心、司法部司法鉴定科学技术研究所/崔杰	刑标委
102	视频人像动态特征检验技术规范	制定	推荐	2013.1 – 2014.12	重庆市公安局、公安部物证鉴定中心/白笙学、许小京	刑标委
103	法庭科学 电子物证检验实验室建设规范	制定	推荐	2013.1 – 2014.12	公安部物证鉴定中心/张国臣、黑龙江省公安厅/王洪庆	刑标委
104	法庭科学 电子物证有损监控录像二进制分析检验技术规范	制定	推荐	2013.1 – 2014.12	公安部物证鉴定中心/康艳荣	刑标委
105	法庭科学 电子物证假脱机打印文件检验技术规范	制定	推荐	2013.1 – 2014.12	中国政法大学证据科学研究院/刘建伟、公安部物证鉴定中心/刑桂东	刑标委
106	印章印文成分检验高效液相色谱法	制定	推荐	2013.1 – 2014.12	中国刑事警察学院法化学系、公安部物证鉴定中心微量物证检验技术处/张振宇、梅宏成	刑标委
107	墨粉成分检验 扫描电子显微镜/X射线能谱法	制定	推荐	2013.1 – 2014.12	司法部司法鉴定科学技术研究所刑事技术室、公安部物证鉴定中心微量物证处/徐彻、罗仪文、孙其然、石慧霞	刑标委
108	圆珠笔字迹成分检验 气相色谱法	制定	推荐	2013.1 – 2014.12	中国刑事警察学院法化学系、公安部物证鉴定中心微量物证检验技术处/王岩、刘占芳	刑标委
109	圆珠笔字迹成分检验 高效液相色谱法	制定	推荐	2013.1 – 2014.12	中国刑事警察学院法化学系、公安部物证鉴定中心微量物证检验技术处/史晓凡、梅宏成	刑标委

序号	项目名称	制定/修订	标准性质	项目起止日期	主要起草单位及负责人	归口单位
110	食用油中辣椒碱类化合物的检验 液相色谱－串联质谱法	制定	推荐	2013.1－2014.12	重庆市公安局物证鉴定中心理化检验科、公安部物证鉴定中心微量物证处/张忠、任飞、张盼、刘占芳	刑标委
111	印刷文件检验专业术语	制定	推荐	2013.1－2014.12	中国政法大学证据科学研究院/刘建伟、公安部物证鉴定中心/韩星周	刑标委
112	数码一体机印刷文件检验程序规范	制定	推荐	2013.1－2014.12	湖北警官学院/李江春	刑标委
113	复印文件检验样本提取规范	制定	推荐	2013.1－2014.12	浙江省公安厅刑侦总队/齐育新、浙江警察学院刑事科学技术系/陈月萍	刑标委
114	打印文件检验样本提取规范	制定	推荐	2013.1－2014.12	湖北警官学院/李江春	刑标委
115	游动定向反射照相方法规则	制定	推荐	2013.1－2014.12	山东省公安厅物证鉴定研究中心/张涛	刑标委
116	尸体检验摄像规则	制定	推荐	2013.10－2014.12	北京市公安局刑侦总队/傅祖兴	刑标委
117	生物样本单通道分拣方法	制定	推荐	2013.4－2014.11	广州市刑事科学技术研究所/李越、公安部物证鉴定中心/刘冰	刑标委
118	生物样本自动分检设备通用技术要求	制定	推荐	2013.4－2014.11	广州市刑事科学技术研究所/李越、北京达博创新科技开发有限公司/赵乘	刑标委
119	法医学人体损伤检验鉴定室建设规范	制定	推荐	2013.1－2014.12	浙江省公安厅物证鉴定中心、公安部物证鉴定中心、无锡市帆鹰警用器材新技术有限公司、中国法医学会/徐林苗	刑标委
120	人体耻骨性别检验规范	制定	推荐	2013.7－2015.3	中国刑事警察学院法医系/林子清	刑标委
121	笔迹（签名）特征价值评价与量化检验方法	制定	推荐	2013.3－2015.3	中国刑事警察学院文件检验技术系/王相臣	刑标委
122	公安人事管理指标项分类与代码	制定	推荐	2013.6－2014.12	公安部第一研究所/闫建华、卢玉华	信标委
123	单位类别代码	制定	推荐	2013.6－2014.12	公安部第一研究所/闫建华、卢玉华	信标委

序号	项目名称	制定/修订	标准性质	项目起止日期	主要起草单位及负责人	归口单位
124	单位性质类别代码	制定	推荐	2013.6 – 2014.12	公安部第一研究所/闫建华、卢玉华	信标委
125	公安机关部门类别代码	制定	推荐	2013.6 – 2014.12	公安部第一研究所/闫建华、卢玉华	信标委
126	公安机关工作人员身份分类与代码	制定	推荐	2013.6 – 2014.12	公安部第一研究所/闫建华、卢玉华	信标委
127	人员状态分类与代码	制定	推荐	2013.6 – 2014.12	公安部第一研究所/闫建华、卢玉华	信标委
128	职级变动原因代码	制定	推荐	2013.6 – 2014.12	公安部第一研究所/闫建华、卢玉华	信标委
129	职务层次分类与代码	制定	推荐	2013.6 – 2014.12	公安部第一研究所/闫建华、卢玉华	信标委
130	职级状态代码	制定	推荐	2013.6 – 2014.12	公安部第一研究所/闫建华、卢玉华	信标委
131	专业技术岗位等级分类与代码	制定	推荐	2013.6 – 2014.12	公安部第一研究所/闫建华、卢玉华	信标委
132	警衔衔级变动原因代码	制定	推荐	2013.6 – 2014.12	公安部第一研究所/闫建华、卢玉华	信标委
133	公安机关工作岗位类别代码	制定	推荐	2013.6 – 2014.12	公安部第一研究所/闫建华、卢玉华	信标委
134	学习形式分类与代码	制定	推荐	2013.6 – 2014.12	公安部第一研究所/闫建华、卢玉华	信标委
135	干部考察方法代码	制定	推荐	2013.6 – 2014.12	公安部第一研究所/闫建华、卢玉华	信标委
136	奖励批准机关类别代码	制定	推荐	2013.6 – 2014.12	公安部第一研究所/闫建华、卢玉华	信标委
137	授予荣誉称号级别分类与代码	制定	推荐	2013.6 – 2014.12	公安部第一研究所/闫建华、卢玉华	信标委
138	奖励批准机关层次分类与代码	制定	推荐	2013.6 – 2014.12	公安部第一研究所/闫建华、卢玉华	信标委
139	重要活动级别代码	制定	推荐	2013.6 – 2014.12	公安部第一研究所/闫建华、卢玉华	信标委
140	出国性质分类与代码	制定	推荐	2013.6 – 2014.12	公安部第一研究所/闫建华、卢玉华	信标委
141	招录形式代码	制定	推荐	2013.6 – 2014.12	公安部第一研究所/闫建华、卢玉华	信标委
142	招录前身份类别代码	制定	推荐	2013.6 – 2014.12	公安部第一研究所/闫建华、卢玉华	信标委
143	增员类别代码	制定	推荐	2013.6 – 2014.12	公安部第一研究所/闫建华、卢玉华	信标委

序号	项目名称	制定/修订	标准性质	项目起止日期	主要起草单位及负责人	归口单位
144	减员类别代码	制定	推荐	2013.6 – 2014.12	公安部第一研究所/闫建华、卢玉华	信标委
145	提前退休原因代码	制定	推荐	2013.6 – 2014.12	公安部第一研究所/闫建华、卢玉华	信标委
146	退出现役类别代码	制定	推荐	2013.6 – 2014.12	公安部第一研究所/闫建华、卢玉华	信标委
147	抚恤类别代码	制定	推荐	2013.6 – 2014.12	公安部第一研究所/闫建华、卢玉华	信标委
148	公安民警伤亡种类代码	制定	推荐	2013.6 – 2014.12	公安部第一研究所/闫建华、卢玉华	信标委
149	公安民警伤亡性质分类与代码	制定	推荐	2013.6 – 2014.12	公安部第一研究所/闫建华、卢玉华	信标委
150	公安民警伤亡原因代码	制定	推荐	2013.6 – 2014.12	公安部第一研究所/闫建华、卢玉华	信标委
151	致残等级分类与代码	制定	推荐	2013.6 – 2014.12	公安部第一研究所/闫建华、卢玉华	信标委
152	使用武器警械情况代码	制定	推荐	2013.6 – 2014.12	公安部第一研究所/闫建华、卢玉华	信标委
153	被伤害方式代码	制定	推荐	2013.6 – 2014.12	公安部第一研究所/闫建华、卢玉华	信标委
154	执行勤务情况代码	制定	推荐	2013.6 – 2014.12	公安部第一研究所/闫建华、卢玉华	信标委
155	伤亡事件实力对比代码	制定	推荐	2013.6 – 2014.12	公安部第一研究所/闫建华、卢玉华	信标委
156	烈军属种类代码	制定	推荐	2013.6 – 2014.12	公安部第一研究所/闫建华、卢玉华	信标委
157	侨胞类别代码	制定	推荐	2013.6 – 2014.12	公安部第一研究所/闫建华、卢玉华	信标委
158	编制种类代码	制定	推荐	2013.6 – 2014.12	公安部第一研究所/闫建华、卢玉华	信标委
159	公安民警出入境证件管理状态代码	制定	推荐	2013.6 – 2014.12	公安部第一研究所/闫建华、卢玉华	信标委
160	公务员登记状态代码	制定	推荐	2013.6 – 2014.12	公安部第一研究所/闫建华、卢玉华	信标委
161	干部交流方式分类与代码	制定	推荐	2013.6 – 2014.12	公安部第一研究所/闫建华、卢玉华	信标委
162	休假种类代码	制定	推荐	2013.6 – 2014.12	公安部第一研究所/李如香、李秀林	信标委

序号	项目名称	制定/修订	标准性质	项 目 起止日期	主要起草单位及负责人	归口单位
163	专长类别代码	制定	推荐	2013.6 – 2014.12	公安部第一研究所/李如香、李秀林	信标委
164	警察证制发原因分类与代码	制定	推荐	2013.6 – 2014.12	公安部第一研究所/李如香、李秀林	信标委
165	警察证状态分类与代码	制定	推荐	2013.6 – 2014.12	公安部第一研究所/李如香、李秀林	信标委
166	警察证收回原因分类与代码	制定	推荐	2013.6 – 2014.12	公安部第一研究所/李如香、李秀林	信标委
167	专业技术职称评审层次分类与代码	制定	推荐	2013.6 – 2014.12	公安部第一研究所/李如香、李秀林	信标委
168	执法资格考核结果代码	制定	推荐	2013.6 – 2014.12	公安部第一研究所/李如香、李秀林	信标委
169	专业技术资格系列类别代码	制定	推荐	2013.6 – 2014.12	公安部第一研究所/李如香、李秀林	信标委
170	专业技术资格评委会职务代码	制定	推荐	2013.6 – 2014.12	公安部第一研究所/李如香、李秀林	信标委
171	案件级别代码	制定	推荐	2013.6 – 2014.12	公安部第一研究所/李如香、李秀林	信标委
172	培训教官类别代码	制定	推荐	2013.6 – 2014.12	公安部第一研究所/李如香、李秀林	信标委
173	教官聘用单位级别代码	制定	推荐	2013.6 – 2014.12	公安部第一研究所/李如香、李秀林	信标委
174	抚恤金发放对象代码	制定	推荐	2013.6 – 2014.12	公安部第一研究所/李如香、李秀林	信标委
175	协管干部层级代码	制定	推荐	2013.6 – 2014.12	公安部第一研究所/李如香、李秀林	信标委
176	协管干部兼任类型代码	制定	推荐	2013.6 – 2014.12	公安部第一研究所/李如香、李秀林	信标委
177	内设单位层次代码	制定	推荐	2013.6 – 2014.12	公安部第一研究所/李如香、李秀林	信标委
178	首授警衔人员类别代码	制定	推荐	2013.6 – 2014.12	公安部第一研究所/李如香、李秀林	信标委
179	奖励类别代码	制定	推荐	2013.6 – 2014.12	公安部第一研究所/李如香、李秀林	信标委
180	派出所类型代码	制定	推荐	2013.6 – 2014.12	公安部第一研究所/李如香、李秀林	信标委
181	执法资格类别代码	制定	推荐	2013.6 – 2014.12	公安部第一研究所/李如香、李秀林	信标委

序号	项目名称	制定/修订	标准性质	项目起止日期	主要起草单位及负责人	归口单位
182	公安机关工作人员毕业院校类型代码	制定	推荐	2013.6 – 2014.12	公安部第一研究所/李如香、李秀林	信标委
183	技能熟练程度代码	制定	推荐	2013.6 – 2014.12	公安部第一研究所/李如香、李秀林	信标委
184	领导职务类别代码	制定	推荐	2013.6 – 2014.12	公安部第一研究所/李如香、李秀林	信标委
185	警衔保留原因代码	制定	推荐	2013.6 – 2014.12	公安部第一研究所/李如香、李秀林	信标委
186	警衔不保留原因代码	制定	推荐	2013.6 – 2014.12	公安部第一研究所/李如香、李秀林	信标委
187	警衔取消原因代码	制定	推荐	2013.6 – 2014.12	公安部第一研究所/李如香、李秀林	信标委
188	单位归属代码	制定	推荐	2013.6 – 2014.12	公安部第一研究所/李如香、李秀林	信标委
189	专业技术职务和资格分类与代码	制定	推荐	2013.6 – 2014.12	公安部第一研究所/李如香、李秀林	信标委
190	工人技术等级代码	制定	推荐	2013.6 – 2014.12	公安部第一研究所/李如香、李秀林	信标委
191	职务名称代码	制定	推荐	2013.6 – 2014.12	公安部第一研究所/李如香、李秀林	信标委
192	专业领域分类与代码	制定	推荐	2013.6 – 2014.12	公安部第一研究所/李如香、李秀林	信标委
193	军队职务代码	制定	推荐	2013.6 – 2014.12	公安部第一研究所/李如香、李秀林	信标委
194	伤亡与烈士认定部门类别代码	制定	推荐	2013.6 – 2014.12	公安部第一研究所/李如香、李秀林	信标委
195	社团层次类别代码	制定	推荐	2013.6 – 2014.12	公安部第一研究所/李如香、李秀林	信标委
196	培训类别代码	制定	推荐	2013.6 – 2014.12	公安部第一研究所/李如香、李秀林	信标委
197	任职机构类型代码	制定	推荐	2013.6 – 2014.12	公安部第一研究所/李如香、李秀林	信标委
198	数据交换格式标准编写要求	制定	推荐	2013.6 – 2014.12	公安部第一研究所/李如香、李秀林	信标委
199	公安数据元	制定	推荐	2013.6 – 2014.12	公安部第一研究所/李如香、李秀林	信标委

序号	项目名称	制定/修订	标准性质	项目起止日期	主要起草单位及负责人	归口单位
200	公安数据元限定词	制定	推荐	2013.1 – 2014.12	公安部第一研究所/李如香、李秀林	信标委
201	公安领域元数据标准研究	制定	研究报告	2013.3 – 2014.3	中国电子标准化研究院、公安部第一研究所/杨英、李秀林	信标委
202	社会公共安全行业标准制修订代码及要求	制定	推荐	2013.3 – 2014.12	中国电子标准化研究院、公安部第一研究所/杨英、李秀林	信标委
203	道路交通管理信息代码 第30部分：驾驶人考试扣分项目分类与代码	修订 GA/T 16.30 – 2012	推荐	2013.4 – 2014.10	公安部交通管理科学研究所/邹坚敏	信标委
204	道路交通管理信息代码 第31部分：交通违法行为分类与代码	修订 GA/T 16.31 – 2012	推荐	2013.4 – 2014.10	公安部交通管理科学研究所/邹坚敏、徐晓东	信标委
205	北斗警用定位导航终端技术要求（申报名称：警用北斗/GPS定位系统车载终端技术标准）	制定	推荐	2013.4 – 2014.11	公安部科技信息化局北斗办、公安部第一研究所、山东省潍坊市公安局信息通信处/李胜广、于丽惠	信标委
206	北斗警用定位导航终端技术要求（申报名称：警用北斗/GPS定位系统手持终端技术标准）	制定	推荐	2013.4 – 2014.12	公安部科技信息化局北斗办、公安部第一研究所、山东省潍坊市公安局信息通信处/李胜广、于丽惠	信标委
207	人口信息人像比对系统功能与技术规范	制定	推荐	2013.1 – 2014.12	公安部治安管理局十三处、湖南广东吉林等地方公安机关、长春鸿达信息科技股份有限公司、清华大学/唐玉建	信标委
208	人口信息人像比对系统接口服务规范	制定	推荐	2013.1 – 2014.12	公安部治安管理局十三处、湖南广东吉林等地方公安机关、长春鸿达信息科技股份有限公司、清华大学/唐玉建	信标委
209	人口信息管理系统应用服务接口规范	制定	推荐	2013.1 – 2014.12	公安部治安管理局十三处、北京航天金盾科技有限公司、东软集团股份有限公司/唐玉建	信标委

序号	项目名称	制定/修订	标准性质	项 目 起止日期	主要起草单位及负责人	归口单位
210	人口信息管理系统跨地区查询接口规范	制定	推荐	2013.1 – 2014.12	公安部治安管理局十三处、北京航天金盾科技有限公司、东软集团股份有限公司 / 唐玉建	信标委
211	实有人口人像模板信息数据项	制定	推荐	2013.1 – 2014.12	公安部治安管理局十三处、湖南广东吉林等地方公安机关、长春鸿达信息科技股份有限公司、清华大学 / 唐玉建	信标委
212	全国人口基本信息资源库维护数据视图规范	制定	推荐	2013.1 – 2014.12	公安部治安管理局十三处、浙江省公安厅治安总队、福建省公安厅治安总队、广东省公安厅治安管理局、北京航天金盾科技有限公司、东软集团股份有限公司、长春鸿达信息科技股份有限公司、福建天创信息科技有限公司 / 唐玉建	信标委
213	跨地区户口迁移信息网上流转及核验接口规范	制定	推荐	2013.1 – 2014.12	公安部治安管理局十三处、北京航天金盾科技有限公司、东软集团股份有限公司 / 唐玉建	信标委
214	执法办案平台数据项规范	制定	推荐	2013.1 – 2014.12	北京市公安局法制办 / 蔡晓琛	信标委
215	公安电子法律文书二维码应用技术规范	制定	推荐	2013.1 – 2014.12	江苏省南京市公安局科信处 / 张涛	信标委
216	出入境管理信息代码	修订 GA/T 704.14 – 2007	推荐	2013.1 – 2014.12	公安部出入境管理局 / 袁晨	信标委
217	出入境管理信息代码	修订 GA/T 704.16 – 2007	推荐	2013.1 – 2014.12	公安部出入境管理局 / 袁晨	信标委
218	消防装备器材分类与代码	制定	推荐	2013.6 – 2014.12	公安部消防局信息通信处 / 金京涛、傅永财，公安部沈阳消防所 / 张春华、吕欣驰	信标委
219	消防装备器材统一编码规范	制定	推荐	2013.6 – 2014.12	公安部消防局信息通信处 / 金京涛、傅永财，公安部沈阳消防所 / 张春华、吕欣驰	信标委
220	消防安全重点单位信息资源库接口规范	制定	推荐	2013.6 – 2014.12	公安部消防局信息通信处 / 金京涛、傅永财，公安部沈阳消防所 / 张春华、吕欣驰	信标委

序号	项目名称	制定/修订	标准性质	项目起止日期	主要起草单位及负责人	归口单位
221	公安信息网应用系统安全审计技术规范	制定	推荐	2013.3 – 2014.5	公安部安全与警用电子产品质量检测中心/范红、李程远	信标委
222	网上督察系统 第1部分：督察项描述规范	制定	推荐	2013.6 – 2014.6	公安部警务督察局、公安部第一研究所、公安部第三研究所/魏波	信标委
223	网上督察系统 第2部分：信息分类与编码	制定	推荐	2013.6 – 2014.6	公安部警务督察局、公安部第一研究所、公安部第三研究所/魏波	信标委
224	网上督察系统 第3部分：数据项规范	制定	推荐	2013.6 – 2014.6	公安部警务督察局、公安部第一研究所、公安部第三研究所/魏波	信标委
225	网上督察系统 第4部分：数据交换和接口技术要求	制定	推荐	2013.6 – 2014.6	公安部警务督察局、公安部第一研究所、公安部第三研究所/魏波	信标委
226	网上督察系统 第5部分：功能和技术规范	制定	推荐	2013.6 – 2014.6	公安部警务督察局、公安部第一研究所、公安部第三研究所/魏波	信标委
227	网上督察系统 第6部分：建设规范	制定	指导性文件	2013.6 – 2014.6	公安部警务督察局、公安部第一研究所、公安部第三研究所/魏波	信标委
228	警用数字集群通信系统网管技术规范〔申报名称：警用数字集群（PDT）通信系统网管技术规范〕	制定	推荐	2013.6 – 2014.9	公安部科技信息化局、公安部第一研究所、东方通信股份有限公司、北京市万格数码通讯科技有限公司、海能达通信股份有限公司、承联通信技术有限公司、优能通信科技有限公司、广州维德科技有限公司/宋振苏	通标委
229	警用数字集群通信系统工程技术规范〔（申报名称：警用数字集群（PDT）通信系统工程技术规范〕	制定	推荐	2013.6 – 2014.6	公安部科技信息化局无线通信管理处、公安部第一研究所通信事业部/宋振苏	通标委

序号	项目名称	制定／修订	标准性质	项目起止日期	主要起草单位及负责人	归口单位
230	公安宽带无线多媒体集群系统总体技术规范	制定	推荐	2013.3 － 2015.12	公安部科技信息化局无线通信管理处、公安部第一研究所通信事业部、工信部电信研究院通信标准化研究所、北京市朝阳区数字集群标准研究中心／宋振苏	通标委
231	城市轨道交通公共安全（警用）网络与通信建设规范（申报名称：城市轨道交通警用通信系统配置规范）	制定	推荐	2013.5 － 2014.10	深圳市安防产业标准联盟／杨捷	通标委
232	警用防割手套	修订 GA 614 － 2008	强制	2013.5 － 2014.12	北京中天锋安全防护技术有限公司、公安部特种警用装备质量监督检验中心／曲一	警标委
233	警用防刺服	修订 GA 68 － 2008	强制	2013.5 － 2014.12	北京中天锋安全防护技术有限公司、公安部特种警用装备质量监督检验中心／曲一	警标委
234	警用排爆服	制定	强制	2013.5 － 2015.12	公安部警标委、公安部第一研究所、北京安龙科技集团有限公司、江西长城防护装备实业有限公司等／孙非	警标委
235	警用38毫米防暴弹药通用规范	制定	强制	2013.5 － 2014.6	湖北汉丹机电有限公司／黄翠军	警标委
236	警用车辆轮胎爆胎应急安全装置	制定	推荐	2013.5 － 2014.12	公安部装备财务局警用装备研发论证中心、公安部特种警用装备质量监督检验中心／凌建寿	警标委
237	警用航空飞行学员体格检查要求	制定	强制	2012.9 － 2014.12	公安部警用航空管理办公室／刘义军	警标委
238	警用航空飞行人员体格检查要求	制定	强制	2012.9 － 2014.12	公安部警用航空管理办公室／刘义军	警标委
239	警用航空飞行人员医学临时停飞标准	制定	强制	2012.9 － 2014.12	公安部警用航空管理办公室／刘义军	警标委
240	警用服饰 针织白手套	制定	强制	2013.5 － 2014.6	公安部特种警用装备质量监督检验中心／徐丽艳	警标委

序号	项目名称	制定/修订	标准性质	项目起止日期	主要起草单位及负责人	归口单位
241	警用服饰 皮手套	制定	强制	2013.5 – 2014.6	公安部特种警用装备质量监督检验中心/徐丽艳	警标委
242	警用服饰 绒手套	制定	强制	2013.5 – 2014.6	公安部特种警用装备质量监督检验中心/徐丽艳	警标委
243	警用服饰 太阳镜	制定	强制	2013.5 – 2014.6	公安部特种警用装备质量监督检验中心/张勇	警标委
244	公安监管场所门禁系统	制定	强制	2013.3 – 2014.12	公安部监所管理局、公安部特种警用装备质量监督检验中心/张金革	警标委
245	公安装备产品命名通用规则	制定	指导性文件	2013.3 – 2014.12	公安部装备财务局/丁书祯、公安部第一研究所/李剑	警标委
246	警用特种车辆通用技术条件	制定	强制	2013.3 – 2014.12	江苏江阴汽车改装厂、公安部特种警用装备质量监督检验中心/宋建军	警标委
247	无人飞行器系统	制定	推荐	2013.3 – 2014.6	深圳一电科技有限公司、公安部特种警用装备质量监督检验中心/盛章梅	警标委
248	警用便携式自动破玻器	制定	强制	2013.5 – 2014.6	公安部装备财务局警用装备研发论证中心、中国兵器装备集团国营204厂、公安部第一研究所/凌建寿	警标委
249	电子数据存储介质写保护设备要求及检测方法(修订版)	修订 GA/T 755 – 2008	推荐	2013.7 – 2014.6	公安部网络安全保卫局研发中心、厦门市美亚柏科信息股份有限公司/尤俊生	信安标委
250	信息安全技术 第二代防火墙安全技术要求	制定	推荐	2013.7 – 2014.6	公安部计算机信息系统安全产品质量监督检验中心、深信服网络科技(深圳)有限公司、公安部网络安全保卫局七处/邹春明	信安标委
251	信息安全技术 工业控制系统防火墙安全技术要求	制定	推荐	2013.7 – 2014.6	公安部计算机信息系统安全产品质量监督检验中心、公安部网络安全保卫局七处/邹春明	信安标委
252	信息安全技术 工业控制系统审计产品安全技术要求	制定	推荐	2013.7 – 2014.6	公安部计算机信息系统安全产品质量监督检验中心、公安部网络安全保卫局七处/邹春明	信安标委

序号	项目名称	制定/修订	标准性质	项目起止日期	主要起草单位及负责人	归口单位
253	信息安全技术 云计算安全等级保护基本要求和评测指南	制定	推荐	2013.6 – 2014.6	公安部计算机信息系统安全产品质量监督检验中心、公安部网络安全保卫局七处/邱梓华	信安标委
254	信息安全技术 工业控制安全隔离与信息交换系统安全技术要求	制定	推荐	2013.7 – 2014.6	公安部计算机信息系统安全产品质量监督检验中心、公安部网络安全保卫局七处/陆臻	信安标委
255	信息安全技术 基于云计算的智能NIPS技术要求	制定	推荐	2013.7 – 2014.6	公安部计算机信息系统安全产品质量监督检验中心、公安部网络安全保卫局七处/顾建新	信安标委
256	信息安全技术 打印安全监控与审计产品安全技术要求	制定	推荐	2013.7 – 2014.6	公安部计算机信息系统安全产品质量监督检验中心、公安部网络安全保卫局七处/宋好好	信安标委
257	信息安全技术 工业控制安全管理平台安全技术要求	制定	推荐	2013.7 – 2014.6	公安部计算机信息系统安全产品质量监督检验中心、公安部网络安全保卫局七处/张笑笑	信安标委
258	信息安全技术 互联网公共无线上网服务场所信息安全管理系统安全技术要求和测试评价方法	制定	推荐	2013.7 – 2014.6	公安部计算机信息系统安全产品质量监督检验中心、公安部网络安全保卫局七处/顾玮	信安标委
259	信息安全技术 信息系统安全产品命名方法	制定	推荐	2013.7 – 2014.6	公安部计算机信息系统安全产品质量监督检验中心、公安部网络安全保卫局七处/林燕	信安标委
260	信息安全技术 智能卡开放平台安全技术要求	制定	推荐	2013.7 – 2014.6	公安部计算机信息系统安全产品质量监督检验中心、公安部网络安全保卫局七处/杨元原	信安标委
261	信息安全技术 双接口鉴别卡安全技术要求	制定	推荐	2013.7 – 2014.6	公安部计算机信息系统安全产品质量监督检验中心、公安部网络安全保卫局七处/郭运尧	信安标委

序号	项目名称	制定/修订	标准性质	项目起止日期	主要起草单位及负责人	归口单位
262	信息安全技术 电子身份卡接入终端固件安全技术要求	制定	推荐	2013.7 – 2014.6	公安部计算机信息系统安全产品质量监督检验中心、公安部网络安全保卫局七处／李旋	信安标委
263	信息安全技术 电子身份卡产品安全技术要求	制定	推荐	2013.7 – 2014.6	公安部计算机信息系统安全产品质量监督检验中心、公安部网络安全保卫局七处／田晓鹏	信安标委
264	公安信息网信息系统安全等级保护定级指南	制定	推荐	2013.1 – 2014.12	公安部第三研究所、公安部信息安全等级保护评估中心、公安部网络安全保卫局七处、公安部科技信息化局网络和信息安全处／陶源	信安标委
265	信息安全技术 网站监控产品技术要求	制定	推荐	2013.7 – 2014.6	公安部计算机信息系统安全产品质量监督检验中心、公安部网络安全保卫局七处／韦湘	信安标委
266	网络电子身份标识载体功能技术要求（申报名称：公民网络电子身份标识载体功能技术要求）	制定	推荐	2013.6 – 2014.12	公安部第三研究所网络安全技术研发中心／邹翔	信安标委
267	网络电子身份标识载体文件系统技术要求（申报名称：公民网络电子身份标识载体文件系统技术要求）	制定	推荐	2013.6 – 2014.12	公安部第三研究所网络安全技术研发中心／邹翔	信安标委
268	网络电子身份标识载体安全技术要求（申报名称：公民网络电子身份标识载体安全技术要求）	制定	推荐	2013.6 – 2014.12	公安部第三研究所网络安全技术研发中心／邹翔	信安标委
269	网络电子身份标识载体测试方法要求（申报名称：公民网络电子身份标识载体测试方法要求）	制定	推荐	2013.6 – 2014.12	公安部第三研究所网络安全技术研发中心／邹翔	信安标委

序号	项目名称	制定/修订	标准性质	项目起止日期	主要起草单位及负责人	归口单位
270	网络电子身份标识专用读卡器功能技术要求（申报名称：公民网络电子身份标识专用读卡器功能技术要求）	制定	推荐	2013.6 – 2014.12	公安部第三研究所网络安全技术研发中心 / 邹翔	信安标委
271	网络电子身份标识专用读卡器安全技术要求（申报名称：公民网络电子身份标识专用读卡器安全技术要求）	制定	推荐	2013.6 – 2014.12	公安部第三研究所网络安全技术研发中心 / 邹翔	信安标委
272	网络电子身份标识专用读卡器测试方法要求（申报名称：公民网络电子身份标识专用读卡器测试方法要求）	制定	推荐	2013.6 – 2014.12	公安部第三研究所网络安全技术研发中心 / 邹翔	信安标委
273	个人移动终端安全管理产品测评准则	制定	推荐	2013.1 – 2014.12	国家计算机病毒应急处理中心、公安部网络安全保卫局七处、公安部计算机病毒防治产品检验中心 / 陈建民	信安标委
274	未成年人移动终端保护产品测评准则	制定	推荐	2013.1 – 2014.12	国家计算机病毒应急处理中心、公安部网络安全保卫局七处、公安部计算机病毒防治产品检验中心 / 陈建民	信安标委
275	虚拟化安全防护产品安全技术要求和测试评价方法	制定	推荐	2013.1 – 2014.12	国家计算机病毒应急处理中心、公安部网络安全保卫局七处、公安部计算机病毒防治产品检验中心 / 陈建民	信安标委
276	防病毒网关安全技术要求和测试评价方法	制定	推荐	2013.1 – 2014.12	国家计算机病毒应急处理中心、公安部网络安全保卫局七处、公安部计算机病毒防治产品检验中心 / 陈建民	信安标委
277	网络病毒监控系统安全技术要求和测试评价方法	制定	推荐	2013.1 – 2014.12	国家计算机病毒应急处理中心、公安部网络安全保卫局七处、公安部计算机病毒防治产品检验中心 / 陈建民	信安标委

序号	项目名称	制定/修订	标准性质	项目起止日期	主要起草单位及负责人	归口单位
278	破坏性程序检验技术方法	制定	推荐	2013.7 – 2014.6	公安部网络安全保卫局、公安部第三研究所/蔡立明	信安标委
279	交通事故痕迹物证勘验	修订 GA41 – 2005	强制	2013.4 – 2014.10	公安部交通管理科学研究所、上海市公安局交通警察总队/龚标、张爱红	交标委
280	道路交通事故现场图绘制	修订 GA 49 – 2009	强制	2013.3 – 2014.12	上海市公安局交通警察总队/侯心一	交标委
281	闯红灯自动记录系统通用技术条件	修订 GA/T 496 – 2009	推荐	2013.4 – 2014.10	公安部交通管理科学研究所/孙巍	交标委
282	道路交通信号倒计时显示器	修订 GA/T 508 – 2004	推荐	2013.4 – 2014.10	公安部交通管理科学研究所、江苏省南京市公安局交通管理局、南京多伦科技有限公司/陆海峰	交标委
283	城市道路交通信号控制方式适用规范	修订 GA/T 527 – 2005	推荐	2013.4 – 2014.10	公安部交通管理科学研究所/刘东波	交标委
284	机动车类型 术语和定义	修订 GA 802 – 2008	强制	2013.4 – 2014.10	公安部交通管理科学研究所/应朝阳	交标委
285	道路交通安全违法行为图像取证技术规范	修订 GA/T 832 – 2009	推荐	2013.4 – 2014.10	公安部交通管理科学研究所/姜良维	交标委
286	交通技术监控补光照明技术规范	制定	推荐	2013.4 – 2014.10	公安部交通管理科学研究所/胡新维	交标委
287	机动车影像鉴定规程 第1部分：机动车特征	制定	推荐	2013.4 – 2014.10	公安部交通管理科学研究所/莫子兴、李毅	交标委
288	校园周边道路交通设施设置规范	制定	推荐	2013.4 – 2014.10	浙江省公安厅交通管理局、浙江省交通规划设计研究院/夏方庆	交标委
289	人行横道智能监测系统	制定	推荐	2013.4 – 2014.10	无锡市公安局交巡警支队、杭州海康威视数字技术股份有限公司/吴仁良、杨浩	交标委
290	机动车安全技术检验监管系统通用技术条件	制定	强制	2013.4 – 2014.10	公安部交通管理科学研究所/是建荣	交标委
291	快速路匝道信号控制	制定	推荐	2013.3 – 2014.6	北京市公安局公安交通管理局科信处/沈晖	交标委

序号	项目名称	制定／修订	标准性质	项目起止日期	主要起草单位及负责人	归口单位
292	交通指挥棒通用技术要求［申报名称：交通指挥棒（配合警用强光手电）］	制定	推荐	2013.5 - 2014.12	公安部特种警用装备质量监督检验中心／周鑫	交标委
293	公安机关图像信息数据库标准体系表	制定	指导性文件	2013.1 - 2013.12	公安部科技信息化局通信保障总站、公安部第一研究所、公安部第三研究所、广东省公安厅科技信息化处、湖北省公安厅科技信息化处／胡泊	基标委
294	标准化技术审查工作要求	制定	推荐	2013.5 - 2014.6	公安部技术监督情报室／张金山、朱良	基标委
295	保安人力防范服务企业资质等级划分与评定	制定	推荐	2013.1 - 2014.12	中国保安协会、北京蓝盾世安信息咨询有限公司／汪捷	基标委
296	武装守护押运服务企业资质等级划分与评定	制定	推荐	2013.1 - 2014.12	中国保安协会、北京蓝盾世安信息咨询有限公司／汪捷	基标委
297	安全技术防范服务企业资质等级划分与评定	制定	推荐	2013.1 - 2014.12	中国保安协会、北京蓝盾世安信息咨询有限公司、北京国通创安报警网络技术有限公司、北京声迅电子股份有限公司、中安消技术有限公司、富盛科技股份有限公司、广东金鹏安保运营有限公司、浙江省东阳市保安服务有限公司／汪捷	基标委
298	非线性节点探测器	制定	推荐	2013.5 - 2014.10	公安部安全与警用电子产品质量检测中心、公安部第一研究所、长春旭日东升有限公司、北京凌志阳光有限公司／邵子健	基标委
299	能量测试参考PICC校准规范	制定	强制	2013.5 - 2014.10	公安部安全与警用电子产品质量检测中心／汪民	基标委
300	对外开放口岸边防检查现场设施建设要求（申报名称：对外开放口岸边防检查现场设施建设标准）	制定	强制	2013.1 - 2013.12	公安部出入境管理局／金伟程、蒋诗辉	基标委

序号	项目名称	制定／修订	标准性质	项目起止日期	主要起草单位及负责人	归口单位
301	公安在职民警警用半自动手枪实战化射击训练指导规范	制定	指导性文件	2013.3 – 2014.3	浙江警察学院／盛大力	基标委
302	单警执法视音频记录仪管理系统通用技术要求	制定	推荐	2013.4 – 2014.5	公安部特种警用装备质量监督检验中心、TCL新技术（惠州）有限公司、深圳华视阳光科技有限公司、北京鑫元盾公共安全防范技术发展中心、深圳市银翔科技有限公司、深圳市华德安科技有限公司、深圳市科立讯通信股份有限公司、河南威达威警用设备有限公司、济南致业电子有限公司／谢峰、王菁	基标委
303	单警执法视音频记录仪数据接口规范	制定	推荐	2013.4 – 2014.5	公安部特种警用装备质量监督检验中心、TCL新技术（惠州）有限公司、深圳华视阳光科技有限公司、北京鑫元盾公共安全防范技术发展中心、深圳市银翔科技有限公司、深圳市华德安科技有限公司、深圳市科立讯通信股份有限公司、河南威达威警用设备有限公司、济南致业电子有限公司／张翔、王菁	基标委
304	保安装备配备规范与要求	制定	强制	2013.5 – 2013.12	公安部治安管理局／顾岩	基标委
305	汽车电子标识通用技术条件	制定	推荐	2013.4 – 2014.10	公安部交通管理科学研究所、中国人民公安大学／王长君	物联网工作组／交标委
306	汽车电子标识读写设备通用技术条件	制定	推荐	2013.4 – 2014.10	公安部交通管理科学研究所／孙正良	物联网工作组／交标委

序号	项目名称	制定／修订	标准性质	项目起止日期	主要起草单位及负责人	归口单位
307	居民电动自行车物联网防盗系统　终端技术要求	制定	推荐	2012.5－2014.5	江苏省无锡市公安局治安支队、公安部安全与警用电子产品质量监督检验中心、公安部第三研究所、中国移动集团江苏有限公司无锡分公司、无锡市泰比特科技有限公司／朱维益、刘琳	物联网工作组／交标委
308	居民电动自行车物联网防盗系统　平台数据交换技术要求	制定	推荐	2012.5－2014.5	江苏省无锡市公安局治安支队、公安部安全与警用电子产品质量监督检验中心、公安部第三研究所、中国移动集团江苏有限公司无锡分公司、无锡市泰比特科技有限公司／朱维益、刘琳	物联网工作组／交标委
309	全国公安应急储备物资物联网管理系统	制定	推荐	2013.6－2014.12	公安部第一研究所科学技术信息中心物联网部／王俊修	物联网工作组／交标委
310	执法规范化标准体系研究	研究	推荐	2013.6－2014.12	江苏省南通市公安局科信处／黄晶、李伟，佛山市公安局治安警察支队／范作威	科技信息化局

二、国家标准制修订项目计划

根据《国家标准委关于下达 2013 年第一批国家标准制修订计划的通知》（国标委综合［2013］56 号）、《国家标准委关于下达 2013 年第二批国家标准制修订计划的通知》（国标委综合［2013］90 号）等文件要求，由公安部主管的《机动车电子标识安全技术要求》等 58 个项目列入 2013 年度国家标准项目计划。其中，安标委 9 个、消标委 22 个、刑标委 8 个、信标委 9 个、交标委 10 个。2013 年度国家标准计划项目汇总情况见表 3－4－2。

表 3－4－2　2013 年度国家标准计划项目汇总表（58 项）

序号	计划编号	项目名称	标准性质	制定／修订	代替标准号	采用国际标准	完成时间	起草单位	归口单位
1	20130083－T－312	机动车电子标识安全技术要求	推荐	制定			2014	公安部交通管理科学研究所、无线网络安全技术国家工程实验室、中国电子技术标准化研究院、国家射频识别产品质量监督检验中心	交标委

序号	计划编号	项目名称	标准性质	制定/修订	代替标准号	采用国际标准	完成时间	起草单位	归口单位
2	20130084 - T - 312	机动车电子标识安装规范	推荐	制定			2014	公安部交通管理科学研究所、中国电子技术标准化研究院、国家射频识别产品质量监督检验中心	交标委
3	20130085 - T - 312	机动车电子标识识别系统安全要求	推荐	制定			2014	公安部交通管理科学研究所、无线网络安全技术国家工程实验室、中国电子技术标准化研究院、国家射频识别产品质量监督检验中心	交标委
4	20130086 - T - 312	机动车电子标识识别系统安装通用技术要求	推荐	制定			2014	公安部交通管理科学研究所、中国电子技术标准化研究院、国家射频识别产品质量监督检验中心	交标委
5	20131117 - T - 312	道路交通事故车辆行驶速度技术鉴定	推荐	制定			2014	公安部交通管理科学研究所	交标委
6	20131118 - Q - 312	道路交通信号灯设置与安装规范	强制	修订	GB 4886 - 2006		2014	公安部交通管理科学研究所	交标委
7	20131119 - Q - 312	道路交通信号控制机	强制	修订	GB 5280 - 2010		2014	公安部交通管理科学研究所	交标委
8	20131120 - Q - 312	机动车安全技术检验项目和方法	强制	修订	GB 21861 - 2008		2014	公安部交通管理科学研究所	交标委
9	20132359 - T - 312	机动车电子标识识别系统通用技术要求	推荐	制定			2014	公安部交通管理科学研究所	交标委

序号	计划编号	项目名称	标准性质	制定/修订	代替标准号	采用国际标准	完成时间	起草单位	归口单位
10	20132360 - T - 312	机动车电子标识通用技术要求	推荐	制定			2014	公安部交通管理科学研究所	交标委
11	20130082 - T - 312	公安物联网感知层传输安全性评测要求	推荐	制定			2014	公安部第一研究所、公安部第三研究所	信标委
12	20130087 - T - 312	公安物联网视频图像内容分析系统技术要求	推荐	制定			2014	公安部第三研究所、公安部第一研究所	信标委
13	20130088 - T - 312	公安物联网视频图像内容描述规范	推荐	制定			2014	公安部第三研究所、公安部第一研究所	信标委
14	20130089 - T - 312	公安物联网视频图像源标注与存储规范	推荐	制定			2014	公安部第三研究所、公安部第一研究所	信标委
15	20130090 - T - 312	公安物联网感知终端安全防护技术要求	推荐	制定			2014	公安部第三研究所、公安部第一研究所	信标委
16	20130091 - T - 312	公安物联网感知终端接入网安全技术要求	推荐	制定			2014	公安部第三研究所、公安部第一研究所	信标委
17	20130092 - T - 312	公安物联网前端感知汇聚节点安全管理与远程维护技术要求	推荐	制定			2014	公安部第一研究所、公安部第三研究所	信标委
18	20130093 - T - 312	公安物联网示范工程软件平台与应用系统检测规范	推荐	制定			2014	公安部第一研究所、公安部第三研究所	信标委
19	20130094 - T - 312	公安物联网系统信息安全等级保护要求	推荐	制定			2014	公安部第三研究所、公安部第一研究所	信标委

序号	计划编号	项目名称	标准性质	制定/修订	代替标准号	采用国际标准	完成时间	起草单位	归口单位
20	20130128－T－312	楼寓对讲系统通用技术要求	推荐	制定			2015	国家安全防范报警系统产品质量监督检验中心（上海）、国家安全防范报警系统产品质量监督检验中心（北京）、公安部第一研究所、厦门立林科技有限公司、厦门狄耐克电子科技有限公司、深圳市视得安罗格朗电子股份有限公司、广东安居宝数码科技股份有限公司、厦门万安智能股份有限公司	安标委
21	20131103－Q－312	社会治安重要场所视频监控图像信息采集技术要求	强制	制定			2014	公安部第一研究所、北京中盾安全技术开发公司、国家安全防范报警系统产品质量监督检验中心（北京）、北京中星微电子有限公司	安标委
22	20131104－Q－312	安全防范视频监控联网信息安全技术要求	强制	制定			2014	公安部第一研究所、北京中盾安全技术开发公司、国家安全防范报警系统产品质量监督检验中心（北京）、北京中星微电子有限公司	安标委

序号	计划编号	项目名称	标准性质	制定/修订	代替标准号	采用国际标准	完成时间	起草单位	归口单位
23	20132240 – T – 312	安防人脸识别应用 图像技术要求	推荐	制定			2014	公安部第一研究所、北京中盾安全技术有限公司、北京普赛科技有限公司、广州像素数据技术开发有限公司、中国科学院计算技术研究所、北京海鑫科金高科技股份有限公司、湖北东润科技有限公司	安标委
24	20132241 – T – 312	安防指静脉识别应用 算法评测方法	推荐	制定			2014	北京中盾安全技术开发公司、公安部安全与警用电子产品质量检测中心、清华大学、深圳中控生物识别技术有限公司、公安部第一研究所	安标委
25	20132242 – T – 312	安防指静脉识别应用 图像技术要求	推荐	制定			2014	北京中盾安全技术开发公司、公安部安全与警用电子产品质量检测中心、清华大学、深圳中控生物识别技术有限公司、公安部第一研究所	安标委
26	20132243 – T – 312	安防指纹识别应用 采集设备通用技术要求	推荐	制定			2014	北京中盾安全技术开发公司、深圳市亚略特生物识别科技有限公司、杭州中正生物认证技术有限公司、长春鸿达光电子与生物统计识别技术有限公司、公安部第一研究所	安标委

序号	计划编号	项目名称	标准性质	制定/修订	代替标准号	采用国际标准	完成时间	起草单位	归口单位
27	20132244 - T - 312	安防指纹识别应用 算法评测方法	推荐	制定			2015	北京中盾安全技术开发公司、公安部第一研究所、北京海鑫科金高科技股份有限公司、北京东方金指科技有限公司、杭州中正生物认证技术有限公司、长春鸿达光电子与生物统计识别技术有限公司、深圳市亚略特生物识别科技有限公司、中科院自动化所	安标委
28	20132245 - T - 312	安防指纹识别应用 图像技术要求	推荐	制定			2015	北京中盾安全技术开发公司、公安部第一研究所、北京东方金指科技有限公司、北京海鑫科金高科技股份有限公司	安标委
29	20130129 - T - 312	城市消防远程监控系统 第7部分：维保信息管理软件功能要求	推荐	制定			2014	公安部沈阳消防研究所	消标委
30	20130130 - T - 312	城市消防远程监控系统 第8部分：监控中心对外数据交换协议	推荐	制定			2014	公安部沈阳消防研究所	消标委
31	20131121 - Q - 312	二氧化碳灭火剂	强制	修订	GB 4396 - 2005	ISO 5923: 2012	2014	公安部天津消防研究所	消标委

序号	计划编号	项目名称	标准性质	制定/修订	代替标准号	采用国际标准	完成时间	起草单位	归口单位
32	20131122－Q－312	建筑火灾逃生避难器材 第8部分：化学氧消防自救呼吸器	强制	制定			2015	公安部上海消防研究所	消标委
33	20131123－Q－312	建筑通风和排烟系统用防火阀门	强制	修订	GB 15930－2007	ISO 10294－1：1996	2015	公安部天津消防研究所	消标委
34	20131124－Q－312	泡沫灭火剂	强制	修订	GB 15308－2006	ISO 7203－3：2011（E）	2014	公安部天津消防研究所	消标委
35	20131125－Q－312	饰面型防火涂料	强制	修订	GB 12441－2005		2014	公安部四川消防研究所	消标委
36	20131126－Q－312	室内消火栓	强制	修订	GB 3445－2005		2014	公安部天津消防研究所	消标委
37	20131127－Q－312	消防车 第12部分：干粉消防车	强制	制定			2016	公安部上海消防研究所	消标委
38	20131128－Q－312	消防车 第14部分：气体消防车	强制	制定			2016	公安部上海消防研究所	消标委
39	20131129－Q－312	消防车 第16部分：照明消防车	强制	制定			2016	公安部上海消防研究所	消标委
40	20131130－Q－312	消防车 第17部分：排烟消防车	强制	制定			2016	公安部上海消防研究所	消标委
41	20131131－Q－312	消防车 第23部分：供气消防车	强制	制定			2016	公安部上海消防研究所	消标委
42	20131132－Q－312	消防车 第7部分：泵浦消防车	强制	制定			2016	公安部天津消防研究所	消标委

序号	计划编号	项目名称	标准性质	制定/修订	代替标准号	采用国际标准	完成时间	起草单位	归口单位
43	20131133 - Q - 312	消防接口技术条件	强制	修订	GB 12514.1 - 2005、GB 12514.2 - 2006、GB 12514.3 - 2006、GB 12514.4 - 2006		2015	公安部上海消防研究所	消标委
44	20131134 - Q - 312	消防用气体惰化保护装置	强制	制定			2015	公安部天津消防研究所	消标委
45	20131135 - Q - 312	自动喷水灭火系统 第9部分：早期抑制快速响应（ESFR）喷头	强制	修订	GB 5135.9 - 2006	ISO 6182 - 7	2014	公安部天津消防研究所	消标委
46	20131194 - Q - 312	独立式感烟火灾探测报警器	强制	修订	GB 20517 - 2006	ISO 2239：2010	2014	公安部沈阳消防研究所	消标委
47	20131195 - Q - 312	电气火灾监控系统 第7部分：电气防火限流式保护器	强制	制定			2014	公安部沈阳消防研究所	消标委
48	20131562 - T - 312	防火门和卷帘的防烟性能试验方法	推荐	制定		ISO 5925 - 1：2007	2015	公安部天津消防研究所	消标委
49	20131563 - T - 312	可燃气体或蒸气极限氧浓度测定方法	推荐	制定			2014	公安部天津消防研究所	消标委
50	20131564 - T - 312	消防安全工程指南 第5部分：火灾烟气运动	推荐	制定		ISO/TR 13387 - 5：1999	2014	公安部四川消防研究所	消标委

序号	计划编号	项目名称	标准性质	制定/修订	代替标准号	采用国际标准	完成时间	起草单位	归口单位
51	20130131－T－312	可疑毒品海洛因的液相色谱、液相色谱－质谱检验方法	推荐	制定			2015	公安部物证鉴定中心	刑标委
52	20130132－T－312	可疑毒品甲基苯丙胺的液相色谱、液相色谱－质谱检验方法	推荐	制定			2015	公安部物证鉴定中心	刑标委
53	20130133－T－312	书面言语鉴定程序规范	推荐	制定			2015	中国刑事警察学院	刑标委
54	20130134－T－312	刑事技术 微量物证的理化检验 第16部分：毛细管电泳法	推荐	制定			2015	公安部物证鉴定中心	刑标委
55	20130135－T－312	刑事技术 纸张检验内容规范	推荐	制定			2015	北京市公安局第一总队司法鉴定中心	刑标委
56	20130136－T－312	刑事技术 纸张外观检验规范	推荐	制定			2015	北京市公安局第一总队司法鉴定中心	刑标委
57	20130137－T－312	疑似毒品氯胺酮的液相色谱、液相色谱－质谱检验方法	推荐	制定			2015	公安部物证鉴定中心	刑标委
58	20130138－T－312	证件检验程序规范	推荐	制定			2015	中国刑事警察学院	刑标委

第五节　标准宣贯与培训

2013 年，为增强公安机关及标准使用单位的标准化意识和提高标准执行水平，公安部科技信息化局会同部各标委会举办了包括警用数字集群（PDT）标准宣贯、《看守所床具》宣贯、公安国际标准化培训、刑标委标准化业务提高班在内的各类标准宣贯与培训会 20 余班次，参训人员达 4000 余人次。通过培训，调动了公安相关业务部门和相关产品生产单位"制标、贯标、执标"的积极性；搭建了以"标准"为中心，针对标准条文、产品生产和质量检测的交流平台；创新了标准化管理部门标准宣贯的工作新模式，对构建一套标准制修订、宣贯、执行、合格评定以及持续改进的"闭环"工作机制，打下了扎实的基础。

一、警用数字集群（PDT）标准宣贯

2013 年 4 月 24 日 - 25 日，公安部科技信息化局在黑龙江省大庆市组织召开了警用数字集群建设现场推进及培训会。公安部科技信息化局马晓东副局长，黑龙江省公安厅赵金成副厅长，大庆市市委常委、副市长、市公安局局长曹力伟等领导出席会议。来自全国各省市公安机关，部边防管理局、消防局、科技信息化局共 140 余人参加会议。

曹力伟副市长汇报了大庆市公安局科技信息化建设，尤其是警用数字集群（PDT）系统建设应用取得的成果，会议播放了大庆市公安局警用数字集群（PDT）系统建设宣传片，对 PDT 应急指挥系统进行了现场演示，并组织代表实地参观了大庆市应急指挥中心和市公安局的警用数字集群基站，同时对《警用数字集群（PDT）通信系统 - 总体技术规范》等四项标准进行了宣贯。马晓东副局长对大庆市公安局警用数字集群建设应用实战效果给予了充分的肯定，并对警用数字集群系统如何建、如何用、如何管提出了具体的要求。会议对警用数字集群系统规划进行了详细的介绍，对下一步的工作作出了具体的安排和部署。同时，会议还就警用数字集群（PDT）技术与标准、PDT 规划与安排，以及未来新技术发展方向等方面进行了培训和介绍。

公安部科技信息化局无线通信管理处宋振苏副处长就 PDT 规划及工作安排进行了汇报。他指出，PDT 四项行业标准已正式发布，PDT 联盟多家厂商推出 PDT 系统和终端，第一阶段兼容性测试随之展开，PDT 产品正逐渐走向成熟。PDT 建设已纳入"十二五"规划，2012 年启动全国公安无线通信的数字化过渡，确保"十二五"末全国各省（区、市）均建有警用数字集群系统且建成率达到 30% 以上。2013 年至 2014 年推广建设，2015 年全面建设，逐步建成系统的全国联网，初步建成全国统一网管的公安数字应急指挥通信专网。

与会代表普遍认为，此次会议意义重大，不仅展示了 PDT 系统的应用成果和技术优势，还增强了坚持走 PDT 技术体制的数字化转型道路的信心，同时明确了下一步警用数字集群建设工作的任务和方向。代表们纷纷表示，要进一步按照公安部的整体布局，依据发布的四项警用数字集群行业标

准，扎实做好警用数字集群系统建设，认真贯彻落实"十二五"规划任务，争取早日完成全国联网，统一网管的公安数字应急指挥通信专网。

二、《看守所床具》等标准宣贯与标准化知识培训

为普及标准化知识，增强公安机关及警用装备生产企业标准化意识，充分发挥标准的基础性、引领性、支撑性作用，保障公安业务工作，公安部科技信息化局会同监所管理局于12月4日－5日在成都举办了公共安全行业标准《看守所床具》（GA 1010－2012）和《看守所建设标准》（建标〔2013〕126号）等标准的宣贯以及标准化知识的培训班。

（一）基本情况

培训班开班仪式由马晓东副局长主持，监所管理局张向宁副局长、秦城监狱徐文海副监狱长、公安部第一研究所赵琪副书记等领导出席培训班并进行学习动员讲话。全国市级以上公安监管业务指导部门、新建公安监所、监所装备生产企业等单位共计262人参加了培训。从实际参会情况看，大多省份由省级公安监所部门的领导带队，人数超过原定名额，热情之高，规模之大，超过预期。

在两天的培训中，马晓东副局长讲授了《标准与质量管理知识》、《看守所建设标准》、《看守所床具》等标准主要起草人员对标准条文进行了详细释义；四川省公安厅监管总队介绍了该省监所装备建设管理经验；两个看守所床具生产企业介绍了各自的贯标经验。

（二）取得的成效

1.公安监所管理部门代表受益良多

通过培训，全国公安监所管理部门代表熟悉了看守所建设和看守所床具的有关要求，明确了标准在保障公安装备质量、辅助法律法规、规范业务管理、争取政策支持等方面的重要作用，了解了公安标准化工作的整体框架和发展趋势，梳理了"学标准、用标准"的工作思路，对于如何依托标准助推公安监管工作发展有了进一步的思考。

2.监所装备生产企业代表反响强烈

通过培训，监所装备生产企业深入学习了《看守所床具》标准条文，了解了该标准制定的原因和背景，熟悉了公安监所装备产品质检流程和注意事项，深刻理解了标准对于提高企业核心竞争力的长远意义，进一步增强了"贯标、执标、制标"的积极性。

3.公安标准化工作者获益匪浅

此次培训搭建了以"标准"为中心的交流平台，公安机关、生产企业的代表结合实际工作遇到的问题，从产品使用和生产的角度，针对标准条文、产品生产和质量检测提出了很多有价值的意见和建议，反映了标准在装备建设和质量管理中的实际作用，为公安标准化工作者进一步修订标准，提高标准效益，实现持续改进具有很强的推动作用。

4.贯标培训组织者积累经验

通过组织此次培训，进一步理清了贯标培训工作思路，明确了工作的重点和难点，熟悉了组织部署流程，锻炼磨合了队伍，并结识了一批公共安全行业标准化权威专家领导，与监所管理局、公安部第一研究所以及各省市公安监所管理部门建立了深厚的工作友谊，对今后顺利开展标准宣贯工作打下了扎实的基础。

（三）主要收获

1. 领导重视是基础

从筹备本次培训之初，公安部科技信息化局、监所管理局、第一研究所领导即高度关注，多次听取汇报，对培训相关工作定下基调、提出要求、作出指示，为培训的筹备和保障工作指明了方向，确保培训最大限度地发挥效能。同时，相关领导均莅临培训班开幕式作动员讲话，马晓东副局长还亲自授课，使参会代表受到了极大鼓舞。

2. 标准选择是重点

本次宣贯的《看守所建设标准》、《看守所床具》等标准，是监所管理局为了加强全国公安监管工作，满足新刑事诉讼法的有关要求，推进看守所勤务模式改革，落实监所"床位制"而组织制修订的，紧贴公安基层一线需求，对公安监管工作发展具有很强的推动作用，影响广泛，意义重大。因此，参会代表报名踊跃，学习主动，培训效果显著，起到了"四两拨千斤"的作用。监所管理局历来注重从公安监管工作大局出发加强标准化的顶层设计，积极探索依托标准和质量管理促进公安监所装备建设发展的途径和举措，实现了监所管理局标准化工作的跨越式和创新性发展。

3. 培训内容是核心

在培训内容上，进行了精心选择和优化设置。既有标准、质量的宏观概念和理论，又有标准条文的释义；既有全国公安监所装备建设与质量管理的发展规划，又有省级公安监所管理部门的实践经验；既有生产企业的贯标情况，又有公安装备质检程序。整个培训围绕标准条文，将标准概念、公安装备质量管理、标准起草、产品检测等相关内容穿插其中，对公安标准化工作进行了系统阐释。培训讲义几易其稿，注重以实际效果说明标准作用，主题明确，深入浅出。所有讲义均装订成册，在正文旁边留有空白页面供记录标注，方便参会代表对培训内容温习回顾、消化吸收。同时，培训班还设置了现场提问和答疑、实物展示和交流等互动环节，有利于参会代表深入理解和掌握培训内容，进一步增强了培训效果。

4. 宣贯对象是关键

本着"控制规模、保证效果"的原则，确定全国市级以上公安监管业务指导部门、新建公安监所、公安装备检测中心、看守所床具生产企业等单位为宣贯对象。这些单位涵盖了公安监所装备管理、使用、生产和检测等各个环节。这对于保证标准利益相关方均能无差别理解标准，正确使用标准，使用有效的标准，实现标准宣贯的全面性和公正性，起到了关键作用。

5. 精心组织是前提

公安部科技信息化局高度重视此次培训，历时近 2 个月筹备，函请监所管理局协办，委托公安部第一研究所承办。为了做好筹备工作，先后组织召开 4 次工作协调会，研究确定宣贯内容和形式，宣贯地点和时间，制订工作方案，分解工作内容，明确职责分工，力争把困难想在前头，工作做在前头。为了贯彻落实中央八项规定和部党委十项规定，派员专程赶赴宣贯地点，落实培训场所，确保在符合会议、差旅规定的前提下，为参会人员提供一个安静舒适的培训环境。

6. 现场协调是保证

此次培训参会人员多，保障任务重，因此组建了 7 人的会务组，负责参会代表的接送站、食宿安排、教材印发、会务、展区布置等保障工作。由于谋划得当，措施得力，各方工作人员配合默契，步调一致，各项工作有条不紊，稳步推进，宣贯培训班的保障工作圆满完成，为培训工作的顺利开展奠定了坚实基础。

三、开展公安国际标准化培训工作

为推动公共安全行业标准国际化工作，积极培养国际标准化相关人才，继续完善行业标准英语专审机制，积累标准翻译的相关知识和经验，公安部科技信息化局先后3次组织召开公安国际标准化工作培训班，就公安标准的英文翻译及公共安全行业标准国际化工作进行了交流和研讨，部属各标委会、检测中心、认证中心、部技术监督情报室、科研院所等单位的有关人员120余人次参加。

培训班邀请外国专家讲授国际标准化工作最新形势，介绍英国、美国、欧盟以及ISO国际标准在标准起草、审查方面的概况，辨析标准翻译常用英文近义词语，并以实际标准案例讲解标准翻译过程中的常见问题。部技术监督情报室对2013年公安标准英文审查工作中出现的问题进行汇总和介绍，并就最近争议较大的几个标准进行探讨。

培训班作为公安部科技信息化局"公安国际标准化引智专项"的重要组成部分，也作为公安标准汉译英工作的开端，对于推动公共安全行业标准国际化工作、提高标准翻译质量、建立并完善公安标准英文翻译与审查机制、培养国际标准化人才都具有重要意义。

四、全国刑事技术标准化技术委员会举办标准化业务提高班

为进一步推动我国刑事科学技术标准化工作和标准化专业组织建设，提高各类司法鉴定机构现场勘查／检验鉴定规范执法水平和办案质量，刑标委于2013年10月28日－31日，在中国人民公安大学高级警官培训楼举办了"全国刑事技术标准化技术委员会标准化业务提高班"，来自全国公安、检察、司法、安全、卫生及院校系统的235名委员及特邀专家参加了此次的全员培训。

公安部科技信息化局马晓东副局长、公安部刑事侦查局孙劲峰副巡视员、公安部物证鉴定中心刘烁主任、最高人民检察院检察技术信息研究中心幸生副主任出席了开幕式并分别作了重要讲话，开幕式由全国刑事技术标准化技术委员会副秘书长、公安部物证鉴定中心副主任葛百川主持。

刑标委二十余年的发展历程，历届委员都付出了艰辛的劳动，发挥了极其重要的作用，为执法规范化作出了卓越的贡献。刑事技术标准化工作极其重要，但是目前的标准化工作仍存在一些不适应，外因是认识不到位、组织不健全、职责不落实、机制不顺畅，内因是制标主体和审查主体没有发挥有效作用，各位委员和专家应充分发挥两大主体的作用，既要做好业务技术专家，也要做好标准审查专家。

培训期间，科技信息化局马晓东副局长为学员作了《标准化与公安工作》的讲座，从公安标准化的定位与特征、思路与原则、现状与成效、发展的趋势等方面详细分析了我国公安标准化建设状况、战略地位与发展趋势。葛百川副秘书长作了《关于我国刑事科学技术标准化工作现状与发展思考》的专题报告。为期4天的培训还聘请了国内4位标准化知名专家进行授课，分别从国内外标准化战略实施动向、标准的结构和编写、标准的审查与评价、标准制修订程序及报批要求等几个方面进行了详细介绍和讲解。

培训期间，学员们认真听讲，与授课老师进行了广泛深入的探讨交流，增长了知识，开阔了视野。大家纷纷表示要把学到的知识尽快转化到工作中去，在今后的工作中发挥更重要的作用。

此次全员培训得到了公安部科技信息化局和刑事侦查局的高度重视、中国人民公安大学的大力支持和刑标委全体委员及技术专家的广泛参与，取得了圆满的成功。

五、全国消防标委会举办《建筑材料及制品燃烧性能分级》强制性国家标准宣贯会

《建筑材料及制品燃烧性能分级》（GB 8624 – 2012）强制性国家标准宣贯会于 4 月 1 日 – 2 日在四川省都江堰市召开。来自公安消防监督部门、合格评定机构、相关行业协会以及全国 15 个省、自治区、直辖市生产企业的代表共 210 余人参加了宣贯会。公安部消防局、全国消防标准化技术委员会、公安部四川消防研究所、四川省公安消防总队派员出席会议。

GB 8624 作为我国建筑材料燃烧性能的分级准则，在评价材料燃烧性能、为相关标准规范提供技术支持、指导防火设计、实施消防监督等方面发挥了重要作用。为增强标准的应用性和协调性，国家标准化管理委员会 2012 年 12 月 31 日批准发布新版强制性国家标准《建筑材料及制品燃烧性能分级》（GB 8624 – 2012），并于 2013 年 10 月 1 日起实施。为确保标准的准确理解和有效贯彻实施，保障工程建设中使用的建筑材料及制品燃烧性能符合新版标准的规定要求，有利于企业的规范生产和各级监督部门对该类产品的质量监督，全国消防标准化技术委员会防火材料分技术委员会会同国家防火建材质检中心组织了本次宣贯。

宣贯会由国家防火建材质检中心常务副主任程道彬主持，全国消防标准化技术委员会副秘书长屈励、公安部四川消防研究所所长李风在开幕式上讲话。屈励在讲话中介绍了 GB 8624 的修订背景、征求意见过程和新版标准的特点，对如何贯彻新版 GB 8624 提出了具体意见。

随后，标准编制组副组长、国家防火建材质检中心赵成刚研究员对《建筑材料及制品燃烧性能分级》（GB 8624 – 2012）标准逐条进行了讲解，并对代表们提出的问题进行了认真的解答。

会议期间，国家防火建材质检中心还组织与会代表研讨了推荐性国家标准《建筑外墙外保温系统的防火性能试验方法》（GB/T 29416 – 2012），观摩了依据该标准进行的建筑外墙外保温系统的防火性能实体试验。

第六节 重点领域标准化建设

2013 年，公安重点领域标准工作取得较大突破。具有完全自主知识产权的《警用数字集群（PDT）通信系统 总体技术规范》（GA/T 1056 – 2013）等 4 项 PDT 标准的发布，为公安无线专网发展提供了强有力的技术保障。《居民电动自行车物联网防盗系统》、《汽车电子标识》等标准的研制，对于推进公共安全领域物联网快速发展，提升公共管理和社会服务水平具有重要意义。同时，为促

进信息互认，达到信息共享、业务协同，大力推进行业标准《公安机关机构代码编制规则》的实施，对提升公安信息化建设质量和发展水平具有重要意义。

一、警用数字集群（PDT）标准发布，助推公安无线专网发展

近年来，全球灾难频发，印尼海啸、四川汶川地震、海地地震等灾难在造成国家、社会的巨大损失的同时也使公共网络陷入瘫痪。每当此刻，专业无线通信系统及对讲机成为紧急救援最有效的通信保障。然而，目前国内使用较为频繁的传统模拟集群存在着频谱利用率低、系统容量小、业务功能单一、安全保密性差等先天不足，国际上其他的数字标准又存在覆盖范围小、建网成本高、很难与模拟系统兼容以及国外知识产权壁垒等问题。中国公共安全行业亟须一个具备自主知识产权，并适合国内公共安全模拟系统数字化改造的新数字集群标准。

公安机关是我国应急事件处置不可或缺的重要力量：一是公安机关下辖公安消防、边防部队，以及特警、巡警、交警等警种，是各级政府的重要组成部门，几乎参与所有应急事件的处置；二是在自然灾害、事故灾害、公共卫生事件等以政府为主导处置的应急事件过程中，公安机关是参与处置的重要力量之一；三是在社会安全事件、群体性事件和大型活动安全保卫等事件的处置安保中，根据职责划分公安机关是处置的核心。面对日益严峻的应急援救、重大事件与突发事件应对处置形势，公安无线通信需求、数据业务量都在不断增长，作为公安最重要应急通信保障手段之一的公安无线专网，亟须建成一个集语音、数字、图像于一体，满足多媒体需求的网络，以满足公安系统以及政府的应急需求。

从 2008 年开始，公安部科技信息化局开始组织研制 PDT 标准，由部科技信息化局牵头，国内行业系统供应商参与，借鉴国际已发布的标准协议的优点，结合公安无线指挥调度通信需求，并引进了"标准工作组"、"产业联盟"、"专利共享"等工作机制。2013 年 4 月，《警用数字集群（PDT）通信系统 总体技术规范》（GA/T 1056 – 2013）、《警用数字集群（PDT）通信系统 空中接口物理层及数据链路层技术规范》（GA/T 1057 – 2013）、《警用数字集群（PDT）通信系统 空中接口呼叫控制层技术规范》（GA/T 1058 – 2013）、《警用数字集群（PDT）通信系统 安全技术规范》（GA/T 1059 – 2013）等 4 项行业标准批准发布。马晓东副局长表示："PDT 是中国国内完全拥有自主知识产权的数字集群标准，不受国外专利限制。它的出现将提升国内警用通信产业的发展速度和实力，也将为公安系统带来更加适合的通信解决方案及设备。"

警用数字集群（PDT）系统在数字集群、语音加密、数据应用等多个方面填补了国内空白，具有自主知识产权，基本达到了 Tetra 标准的水平，更加符合我国公安工作需要。采用 PDT 标准建设的公安无线通信系统，基站数量为 Tetra 标准的 1/4，成本为 Tetra 标准的 1/3，大大节约了经费支出；可实现语音、数据实时加密，能够满足警卫、反恐、处突的保密通信需求；能做到全国联网，实现全网漫游，为异地处置提供更好通信保障。PDT 标准发布后，公安部已部署以 PDT 为技术体制建设全国联网、统一网管的公安数字无线应急指挥网，并已列入"十二五"规划建设任务，目前，PDT 产品已开始在全国公安机关规模装备，已建成和在建系统已超过 50 套，建设基站 600 多个，配备终端 6 万多部。

二、积极开展物联网标准研究与编制工作，推进公共安全领域物联网快速发展

物联网是新一代信息技术的高度集成和综合运用，对于提升公共管理和社会服务水平具有重要意义，是打造"平安城市"，构建"平安中国"的有力抓手。"产业发展，标准先行"，我们以国家物联网社会公共安全领域应用标准工作组为依托，以居民电动自行车防盗系统和汽车电子标识系列标准的立项和研制为契机，积极探索以物联网技术标准驱动社会管理创新的切入点和着力点。一是大力推动"居民电动自行车物联网防盗系统"标准的研制。在充分发掘无锡市公安局"居民电动自行车物联网防盗工程项目"成果潜力基础上，我们积极与工业和信息化部、无锡市科委等有关部门合作，共同组织制定电动自行车物联网防盗终端、应用平台等4项标准，并将其列为2013年度"公安部重点支持标准项目"，有效地发挥了标准化在公安业务工作中的技术支撑作用，用标准来固化和扩展此项示范工程的成果，探索公安物联网标准应用于服务民生领域的新模式。同时，以此为契机，发起并促成公安部和工信部两部领导共同签署"协同推动公共安全领域物联网发展的战略合作协议"，借智聚力，实现优势互补，共同推进公共安全领域物联网快速发展。二是积极组织"汽车电子标识"系列标准的研制。公安部会同相关单位广泛开展技术交流，认真总结电子标识的应用成效，了解和掌握了目前汽车电子标识技术发展现状，论证分析 RFID 涉车应用关键技术问题及技术难点，理清了公安工作在汽车电子标识方面的发展思路。同时，组织策划了汽车电子标识技术标准研制启动会，明确了工作职责和任务分工，确保标准编制工作有序推进。从标准立项到关键技术研究、合作编制、成果转化以及公安实战应用，充分体现了标准与公安业务融合，标准引领技术发展的作用。

为积极应对发展和挑战，全国消防标准化技术委员会消防通信分技术委员会 2013 年 5 月举办了消防物联网标准体系研讨会，邀请相关消防部门专家、企业技术负责人及研究所技术骨干等参加研讨，深刻理解开展消防物联网标准体系研究、做好先期顶层设计、推进物联网技术在消防领域应用的重要意义，重点就开展消防物联网标准体系建设的总体思路、研究方向和工作进展，以及消防物联网标准体系草案进行充分研讨。与会代表提出了消防物联网标准体系建设应统筹规划，针对我国物联网基础共性标准，研究消防物联网各类应用的共性技术特点和应用特殊要求，尤其应重点开展体系中感知层与应用层的相关技术和产品标准研究，进一步在现有工作基础上充分利用和合理整合相关资源，建立协调推进机制，促进消防物联网建设和相关标准制定等建议。会议原则同意沈阳消防研究所提出的消防物联网标准体系草案，会后进一步征求各方意见，将提交分技术委员会全体会议审议定稿。研讨会的召开，对于统筹协调消防物联网标准化工作和体系建设，明确工作思路，整合相关标准化资源起到了积极的推动作用。

三、大力推进行业标准《全国公安机关机构代码编制规则》的实施，为信息共享提供支撑与服务

《全国公安机关机构代码编制规则》（GA/T 380 – 2012）由公安部科技信息化局提出，公安部科技信息化局、中国软件与技术服务股份有限公司、公安部第一研究所起草，自 2012 年 7 月 3 日起实施。该标准规定了全国公安机关机构代码编制规则，适用于全国公安机关机构代码的编制，也适用于公安机关临时机构代码的编制，对于实现公安机关信息共享具有十分重要的意义。为做好该行业标准的宣贯与执行，一是制定了《统一全国公安机关机构代码专项工作方案》，细化了工作任务

和时间节点，明确了工作要求和注意事项，确保专项工作有条不紊、循序渐进。二是开展对该标准的培训，要求各地成立工作专班，为机构代码工作的顺利实施提供了保证。三是组织技术精湛人员，在较短时间内完成了公安机关机构代码动态管理系统的开发，并组织了多个单位开展系统试用，实现部省两级的系统对接，保证了数据的动态性和准确性。四是注重依据标准对数据进行质量控制。该标准的发布与实施，是公安信息化建设的一项重要基础工作，对促进信息互认，达到信息共享、业务协同，不断提升公安信息化建设质量和发展水平具有重要意义。

第七节　获奖标准介绍

2013年，公安标准化科研稳步推进。在公安部科学技术奖评选中，2项标准获二等奖，分别为行业标准《单警执法视音频记录仪》（GA/T 947 – 2011）和国家标准《气体灭火系统及部件》（GB 25972 – 2010）；4项标准或标准研究项目获三等奖，分别为国家标准《消防应急照明和疏散指示系统》（GB 17945 – 2010）以及"公安交通指挥系统建设关键标准研究"、"典型交通管理非现场执法装备标准研究"、"信息安全产品分类及其紧缺产品技术标准"等标准研究项目。获公安部科学技术奖对标准化科研工作起到了较大激励作用，并进一步发挥了标准化对公安业务的支撑作用。

一、《单警执法视音频记录仪》行业标准

单警执法视音频记录仪（以下简称"执法记录仪"）是公安民警执法时随身佩带的集实时视音频摄录、照相、录音等功能于一体的取证技术装备。近几年来，各地公安机关陆续开始规定民警在外出执勤、执法时必须佩带执法记录仪，并保证执法、执勤过程全程摄录、录音。执法记录仪的使用对提高民警证据意识、规范执勤执法行为、维护民警合法权益、推动执法正规化建设具有重要的作用。由于执法记录仪生产厂家众多、技术含量高低不齐，目前使用的产品存在佩带、操作不方便，性能不稳定，电池工作时间短，存储介质容量小等缺陷；没有统一的技术标准，评价的尺度不同，给公安各应用部门在招投标和使用中带来困惑。为进一步规范执法记录仪产品质量，推动执法记录仪在科技强警中的作用，公安部交通管理局、装备财务局、科技信息化局提出，公安部第一研究所作为项目编制工作组组长单位，组织完成《单警执法视音频记录仪》（GA/T 947 – 2011）的制修订。该标准荣获公安部科学技术奖二等奖。

（一）主要成果

（1）提出电池工作时间、–30℃低温环境下对设备工作时间的要求，对执法记录仪关键部件电池的性能提出了较高的要求，提升了设备的整体质量水平。

（2）通过对图像质量，最大记录间隔时间，显示屏亮度、对比度等关键性能指标的规定，对设备关键部件（如数字处理芯片、显示屏）的选型有了较高的要求，提升了设备的整体质量水平。

（3）规定了夜视距离的评价要求和评价方法，统一了评价环境和评价尺度，使不同产品说明书上标注的有效拍摄距离具有了可比性，为使用部门的设备选型提供了科学、有效的依据。

（4）从设备物理安全、存储介质安全、信息的存储安全等方面对设备的安全性提出了更高的要求，确保执法取证信息不被复制、替换。

（5）从信息叠加、数据防篡改、防复制、异常问题数据丢失或损坏等方面对设备存储数据的真实性、原始完整性提出了多方面要求，确保记录的数据内容真实，可作为呈堂证供。

（6）增加了温度变化的要求以适应民警工作环境温度变化的需求。

（7）从结构分类，编码规则，佩带的方便性，操作的方便性，设备的安全性，存储信息的安全性，必备的基本功能、扩展功能，存储数据的真实性、完整性，与上位机连接的要求，图像质量，工作时间，标识，在恶劣环境下的使用等方面对执法记录仪提出了不同的要求，全面地评价设备的质量，阻止低劣产品进入公安应用领域。

（8）规定设备必须达到的性能指标是在对国内执法记录仪设备的技术发展、应用现状进行大量调研的基础上提出的，并对其性能指标进行了试验验证。

（9）提出了一套完整、系统的测试方案，具有较强的可操作性。

（二）应用效益

（1）已被公安部科技信息化局、装备财务局等多个业务局，各省、自治区、直辖市装备财务处等行业管理部门、各生产厂家及第三方检测机构广泛采用，已成为设计、生产、检测和采购此类设备的依据标准。通过本标准检测的产品已被列入公安部检测合格的执法记录仪产品目录中。公安部特种警用装备质量监督检验中心采用本标准作为产品检测的依据，目前已对 80 多家企业 100 多款产品进行了委托检测、招投标检测、行业监督抽查检测。

（2）为加强各地公安机关装备财务部门对标准的理解和使用，推进研发生产企业对标准的贯彻执行力度，确保产品性能和质量，2012 年 4 月 24 日，公安部装备财务局会同公安部社会公共安全应用基础标准化技术委员会在北京召开了该标准的宣贯会。各省、自治区、直辖市公安厅局装备财务处采用本标准作为设备采购中招投标文件的基本依据。

（3）已成为执法记录仪生产厂家设计、制造、验收此类设备的基本依据。

（4）本标准的实施规范了国内执法记录仪产品市场，促进了装备质量的提高，推动了公安机关的执法规范化建设，提高了公安民警的执法效率和政府的公信力，产生了良好的社会效益。

二、《气体灭火系统及部件》国家标准

随着气体灭火系统技术的发展以及我国《气体灭火系统设计规范》的颁布实施，消防工程上对系统安全性、可靠性的要求和监督管理部门对气体灭火系统提出了新需求，原有气体灭火系统的标准内容已不能适应上述要求，此外一批关于气体灭火系统的国际标准和国外先进标准近年来也在不断完善并出现了最新版本。为进一步规范我国气体灭火系统及部件的产品开发、生产，以及为气体灭火系统及部件的使用、质量监督等部门提供技术依据，解决行业标准、地方标准技术要求方面存在的不足，公安部天津消防研究所作为主编单位联合深圳因特安全技术有限公司等 8 个参编单位共同完成了《气体灭火系统及部件》（GB 25972 - 2010）的制修订。该项目获 2013

年度公安部科学技术奖二等奖。

（一）主要成果

1. 制定出气体喷嘴流量特性的测试方法

研发出气体灭火剂喷放时，在高压力（最高20MPa）及多相态变化（两相流或多相流）状态下的流量测试方法，为生产单位的喷嘴设计提供了验证方法，也为系统的工程设计提供依据。在流量特性的测试方法中，采用采集单位时间试验容器内喷放出灭火剂的质量的方法来解决目前无测试高压气体流量和多相流流量仪表的问题，并取得了两项发明专利。

2. 在国际上首次推出了5.6MPa的七氟丙烷灭火系统

根据我国工程设计需要，结合国内七氟丙烷灭火系统研发成果，推出了目前我国独有的贮存压力为5.6MPa的七氟丙烷灭火系统，扩展了七氟丙烷灭火系统的应用范围。

3. 参照ISO及国外先进国家标准的同时，对其数据进行了修正

在制定本标准时虽然参照了ISO及UL、VDS等国外先进国家标准，但对其中的全部技术参数均进行了验证，发现了其中贮存压力为2.5MPa和4.2MPa的七氟丙烷灭火系统最大工作压力（50℃时贮存压力）数据不准确，编制组通过多次试验验证确定了正确的压力数据，并将此数据反馈给ISO 14520编制组。

4. 从技术要求上解决了实际应用中系统安全性问题和产品监管的难题

如规定瓶组应加装瓶组误喷射防护装置已保证瓶组在运输、搬运、安装、贮存过程中人员安全问题；规定启动管路加装低泄高封阀的要求，使系统运行更安全，减少系统误喷射的几率；规定集流管的流量要求为系统工程设计提供依据；规定了系统警示标示的要求，对系统使用区域的人员进行警示等。

要求瓶组设计时应设有气体取样口的要求，便于工程上对系统灭火剂抽样检测和监督管理；规定控制盘应具有历史事件记录功能，以便于分析系统事故原因；首次对气体灭火剂的充装单位的资质、充装记录及保存期限、充装后灭火剂留样等均提出了要求。

5. 首次提出灭火浓度确定的大尺寸空间的验证方法

在实际工程设计中发现采用以往杯状燃烧器测定的灭火浓度与实际应用中的灭火浓度存在差别，本标准参照ISO等标准规定了使用大尺寸空间（100m³）的验证方法。

（二）应用效益

本标准自2011年6月1日实施以来，已在全国气体灭火系统的开发、生产、使用、监督和管理中应用，全国气体灭火系统生产单位截至2013年4月已达130余家。国家固定灭火系统和耐火构件质检中心已组织了该标准的宣贯会，参加单位为全国气体灭火系统生产单位、各地消防局、检测中心、设计使用单位、外国公司代理商等。目前，国内外已有119个七氟丙烷灭火系统、53个IG541气体灭火系统、1个三氟甲烷灭火系统、4个IG100灭火系统依据GB 25972 - 2010标准通过了国家检测中心的检测。

本标准的实施也被《细水雾灭火系统及部件通用技术条件》（GB/T 26785 - 2011）、《消防产品现场检查判定规则》（GA 588 - 2012）、《探火管灭火装置设计规程》CECS标准、《三氟甲烷灭火系统设计规程》CECS标准等所引用，也为《气体灭火系统设计规范》的修订提供了技术依据。

三、《消防应急照明和疏散指示系统》国家标准

本标准实施前，我国与国外一样都只有《消防应急灯具》产品标准，消防应急照明和疏散指示设施并没有系统标准，绝大多数场所设置的消防应急照明和疏散指示设备都是单体灯，不同的单体灯分散在建筑的各个角落，很难维护和控制，直接影响了该类产品的使用效能。同时，作为产品标准，我国国家标准《消防应急灯具》（GB 17945 – 2000）的内容已经滞后。为解决现实对消防应急照明和疏散指示系统的需求，并研究检测方法和研制相应的检测设备，提高测量效率和产品质量，公安部沈阳消防研究所联合宝星电器（上海）有限公司等5家单位完成《消防应急照明和疏散指示系统》（GB 17945 – 2010）的制修订。该项目获2013年度公安部科学技术奖三等奖。

（一）主要成果

该项目对现行的《应急照明灯具》（IEC 60598 – 2 – 22）、《应急照明》（BS 5266）、《自发光式火灾安全标志的技术要求》（BS 5499 – 2），以及《应急照明安全性要求》（JIS C 8105 – 2 – 22）进行了深入的研究，并根据GB 17945 – 2000多年来的实施情况及国内现状和现实对该类产品的需求，对原标准内容进行了拓展，还组织有关单位进行了大量的基础性研究、新产品研制及相关试验验证，最终完成标准制修订。主要成果包括：

1. 基础性研究成果填补了国内外在该领域研究的空白

建立了试验火的发展曲线、烟浓度发展曲线、亮度变化曲线、照度变化曲线和逃生时间分布的一整套基础数据库，总结了在烟雾条件下产品亮度和照度的变化规律；不同安装高度照度的分布规律；不同试验火的发展期间从烟雾报警到人员无法疏散的时间分布。这些成果均为国内外首次得出。

2. 在国际上首次提出了系统化的要求

消防应急照明和疏散指示系统形式可分为：自带电源集中控制型、自带电源非集中控制型、集中电源集中控制型、集中电源非集中控制型。

灯具按用途分为：标志灯具、照明灯具（含疏散用手电筒）、照明标志复合灯具；按工作方式分为：持续型灯具、非持续型灯具；按应急供电形式分为：自带电源型灯具、集中电源型灯具；按应急控制方式分为：集中控制型灯具、非集中控制型灯具。

这种分类方式清晰直观地反映了消防应急照明和疏散指示系统的特性。该分类方法得到了国内外产品生产企业、设计单位和工程应用方的一致认同。

3. 在国际上，首次提出了在烟雾条件保障有效疏散期间的亮度要求和照度要求

标准编制组通过基础研究成果，提出了标志灯的亮度要求和照明灯的照度要求，该技术要求能够保障人员在烟雾条件下的有效疏散；同时大力推广LED技术的应用，在有效降低能耗的前提下提高了应急照明的效能。

4. 在国际上，首次提出了系统的免人工维护功能

消防应急照明和疏散指示系统是应急条件下引导人员疏散的重要工具，但是在日常使用与维护中由于维护措施不到位，经常使产品的性能得不到保证。因此标准提出了系统的自检功能，通过集成芯片技术，自行测试系统的基本性能。该项指标的提出，得到了国内外应急照明企业的一致认可。中国照明学会及国际照明协会在应急照明的其他产品标准中均引用了该项要求。

5. 消防应急照明专用电池的充放电性能要求和保护要求

根据系统长时间的待机工作特性，项目组通过大量的测试数据统计，制定了消防应急照明专用电池的特殊要求，有效地解决了影响系统最关键配件的安全性、可靠性和耐久性。

6. 四类系统八种产品的基本组成单元和各单元承担的功能和性能

自带电源集中控制型、自带电源非集中控制型、集中电源集中控制型、集中电源非集中控制型的四类系统性能和各种单元消防应急标志灯、消防应急照明灯、应急标志/照明灯、疏散用手电筒、应急照明集中电源、应急照明控制器、应急照明配电箱及应急照明分配电装置共八种产品的技术要求、检验方法、标志、检验规则等，是一部完整的产品标准。

系统中覆盖的产品均属消防应急疏散的专业产品，与普通民用照明产品比较，对产品的功能性、安全性、可靠性和免维护性均提出了较高的要求，杜绝了与原有民用照明灯具产品混用的现象，提高了消防应急疏散的安全性和可靠性。

7. 系统工作的可靠性和有效性

通过基础研究成果，制定了系统转入应急工作时间和有效应急工作时间要求，提出了各类系统中不同单元工作状态指示要求，有效地保证了系统工作的可靠性和有效性。

8. 在国际上，首次提出系统安全性和防护等级划分

根据工程使用经验和事故的统计，率先提出了消防电子产品的结构要求和外壳防护要求，大大提高了消防电子产品的安全性和可靠性。标准不仅对外壳材质、尺寸和安装方式进行了规定，还对连接线缆的拉力进行了量化，规定了相应的扭力。

9. 节能与环保

通过调研发现在执行 GB 17945 – 2000 标准生产的应急灯具，其电源多采用阻容降压方式。这种供电方式可靠性低，易发生绝缘和耐压故障。采用这种方式，所有元器件均带电，增加了触电的危险。阻容降压供电方式效率低下，并且在通断瞬间会对电网造成较大的冲击，大大增加了电网的功耗和不稳定性。因此，在修订后的标准中明确规定"主电源降压装置不应采用阻容降压方式"，该项指标的提出每年可为国家电网节省大量无功损耗。

保守估计，我国每年新增的消防应急疏散指示灯具产品在 3000 万套，按原标准市场的每台标志灯具功耗至少为 20W，现满足标准要求的同类产品功耗不大于 2W，仅此一项每年为国家节约电能 50 多亿度，节约电费 20 多亿元。

10. 抗干扰能力和环境适应性要求

通过对国际相关标准的研究，制定了相关电磁兼容性要求和环境适应性要求，与国际标准保持一致。

（二）应用效益

（1）基础数据库及相关研究成果为标准和相关规范制定、建筑疏散模型及性能化评估提供有利的基础数据和理论支持。

（2）国家标准自 2010 年批准发布已广泛应用于产品的研制、设计、生产和检验，国内外 300 余家生产企业数千种产品通过检验，广泛应用各类消防工程中，产品销售额每年以 50% 的速度增长，取得了大量的经济效益。

（3）标准的部分技术内容被国际 IEC 及个别发达国家的标准采用。

（4）标准的发布使国内企业得到了迅猛的发展，国内市场几乎没有国外品牌的份额，而我国企业在国际市场的份额也由原来的百分之几上升到如今的百分之五十左右，出口量与国内市场用量基本相当。

（5）每年安装使用的产品为国家节约电能 50 多亿度，节约电费 20 多亿元。

（6）检验技术和检验设备被国内大部分生产企业和各级检验机构采用，大大提高了生产效率。

四、公安交通指挥系统建设关键标准研究

从 20 世纪 90 年代开始，我国开始逐步进行公安交通指挥系统建设，目前每年投入的建设经费数以百亿元计，但由于缺乏相关的工程程序和系统建设标准规范指导，导致指挥中心建设过程中仍存在系统功能不全面、架构不合理、应用技术落后，建设程序不完善，系统设计流于形式、缺乏科学论证等一些不容忽视的问题。为规范工程建设，保证工程质量，对国家投资负责，充分发挥指挥系统对公安交通管理工作应起的作用，公安部交通管理科学研究所、广东省公安厅交通管理局、宁波市公安局交通警察局、无锡华通智能交通技术开发有限公司等单位联合开展了"公安交通指挥系统建设关键标准研究"项目研究，并完成《公安交通指挥系统建设技术规范》（GA/T 445 – 2010）、《公安交通指挥系统工程建设通用程序和要求》（GA/T 651 – 2006）、《公安交通指挥系统设计规范　第 1 部分：总则》（GA/T 515.1 – 2011）、《公安交通指挥系统设计规范　第 2 部分：省（自治区）公安交通指挥系统》（GA/T 515.2 – 2011）、《公安交通指挥系统设计规范　第 3 部分：城市公安交通指挥系统》（GA/T 515.3 – 2011）、《公安交通指挥系统设计规范　第 4 部分：制图》（GA/T 515.4 – 2011）等 6 项标准的制修订。该项目获得 2013 年度公安部科学技术奖三等奖。

（一）主要成果

（1）六项标准形成了以《公安交通指挥系统建设技术规范》（GA/T 445 – 2010）为核心，以《公安交通指挥系统工程建设通用程序和要求》（GA/T 651 – 2006）为管理保障，以《公安交通指挥系统设计规范》（GA/T 515 – 2011）第 1 部分：总则、第 2 部分：省（自治区）公安交通指挥系统、第 3 部分：城市公安交通指挥系统、第 4 部分：制图四项设计标准为支撑的公安交通指挥系统项目建设的系列关键标准，共同在公安交通指挥系统项目建设过程中发挥作用，为提高公安交通指挥系统工程质量发挥重要作用。同时，本关键系列标准的制定为公安交通指挥系统标准体系发展奠定了基础。

（2）《公安交通指挥系统建设技术规范》（GA/T 445 – 2010）分省（自治区）和城市两种情况深化了公安交通指挥系统的架构、功能和配置等，形成了省（自治区）和城市两级指挥体系的架构和指挥模式。

（3）创新省（自治区）交通指挥系统在区域主干公路网管理中作用。明确其在高速公路和国省道等区域主干公路网管理中的指挥、调度、协调重特大交通事件、跨地市协调处置、对外信息发布、省际协调的作用。

（4）基于信息化和智能化发展，创新城市交通管理指挥、执法、服务模式。明确其交通信息

采集、处理、发布能力，路面监控、交通勤务管理、对外信息服务能力，与相关部门信息共享能力，响应了城市交通管理机动化时代的要求。

（5）创新了公安交通指挥系统建设的过程管理模式。首次根据公安交通指挥系统的特点结合我国工程建设相关规定明确提出了公安交通指挥系统工程项目从立项、设计、项目实施、预验收、试运行、竣工验收各阶段程序要求，指导和规范了项目建设，完成了制度顶层设计。

（6）规范公安交通指挥系统设计兼容性和个性化要求。首次规定了设计的流程，初步设计和施工图设计深度和内容要求，详细规定了公安交通指挥系统各设计阶段的技术要点，制定了设计图例和要求，提高设计图纸通用性，是公安交通指挥系统项目建设技术顶层设计、制度顶层设计的具体落实。

（二）应用效益

该项目的各项研究成果以标准形式体现，对于提高我国公安交通指挥系统建设起到了积极的规范和引导作用。系列标准自实施以来，解决了以往我国公安交通指挥系统项目建设不统一等问题。各地公安交通指挥系统建设更加规范合理，系统的更加可靠、适用、可扩展和先进，道路交通环境得到进一步的改善和优化，道路的通行效率大大提高，道路交通管理更加规范化、科学化和智能化，得到了全国各地交通管理部门、设计单位、系统建设集成商的广泛响应，严格按照规范建设和升级改造，保证系统功能的有效发挥。

该项目制修订完成的标准从 2006 年开始在全国 31 个省、自治区、直辖市，300 余个公安交通指挥系统建设和升级改造项目，公安交通指挥系统相关产业的系统集成商和工程承包公司，设计单位、软硬件研发单位工程建设中设计、研发均遵循相关项目成果标准，使项目成果得到全面应用，切实发挥标准的指导和规范作用。

该项目制修订的标准为基本上为项目的决策（项目建议书、可行性研究）、招投标（项目招标文件和集成商的投标文件）、设计（系统总体设计、各子系统设计等）、实施等方面引用，为保证公安交通指挥系统项目建设提供了技术支撑。

五、典型交通管理非现场执法装备标准研究

闯红灯自动记录系统（俗称"电子警察"）、公路车辆智能监测记录系统（俗称"卡口"）是我国应用最早、最广泛的交通技术监控系统，对维护道路交通秩序、保障信号控制路口或路段的车辆有序通行、保障车辆和行人的安全、确保城市出入口的有序交通、防止肇事车辆逃逸、查处超速违法车辆等方面起到了十分积极的作用，一定程度上也缓解了交通管理面临的警力紧缺局面。但是，在 2008 年前后，闯红灯自动记录系统、公路车辆智能监测记录系统的安装、调试及现场施工质量对系统的实际使用效果具有极大影响，尤其是闯红灯行为抓拍规范性、号牌识别率、测速准确性等，而各地公安交通管理部门对这两种系统的验收工作没有统一可依的技术规范，导致部分系统的取证过程不规范、取证图片不准确、号牌识别率偏低、布控反应不及时、测速不准确等，也导致了一些争议。为此，公安部交通管理科学研究所开展了"典型交通管理非现场执法装备标准研究"项目，完成了《闯红灯自动记录系统通用技术条件》（GA/T 496 - 2009）、《公路车辆智能监测记录系统通用技术条件》（GA/T 497 - 2009）、《闯红灯自动记录系统验收技术规范》（GA/T 870 -

2010）、《公路车辆智能监测记录系统验收技术规范》（GA/T 961 – 2011）4项标准制修订。该项目获得2013年度公安部科学技术奖三等奖。

（一）主要成果

本项目是典型非现场执法装备标准研究，主要成果如下：

（1）形成以2项产品标准和2项验收规范相互协调、互为补充的系列标准。从生产、检验、使用、验收等环节对闯红灯自动记录系统和公路车辆智能监测记录系统提出要求，有效提升了这两种典型非现场执法装备的技术水平和实战效果。《闯红灯自动记录系统通用技术条件》（GA/T 496 – 2009）、《公路车辆智能监测记录系统通用技术条件》（GA/T 497 – 2009）等标准规范了产品在生产、安装、建设过程中的系统功能要求、技术性能要求和可靠性要求，提升了产品技术性能，促进了行业技术进步；《闯红灯自动记录系统验收技术规范》（GA/T 870 – 2010）、《公路车辆智能监测记录系统验收技术规范》（GA/T 961 – 2011）等标准侧重规范验收过程中的验收组织、验收项目与方法、验收结果评价等内容，提升了验收的实效性。

（2）首次对闯红灯自动记录系统、公路车辆智能监测记录系统提出了"取证图像防篡改"的要求。按照我国诉讼法规定，视听资料和书证、物证具有同等的证据地位，同属于法定证据，其中视听资料主要是通过电子计算机的贮存资料和数据、录音、录像的资料等，来证明案件的事实是否存在。因此，交通技术监控记录资料是属于视听资料中的一种，是《行政诉讼法》中的一种法定证据，重要的是保证作为车辆违法证据的图片或图像必须保证其原始性。因此，项目明确提出"取证图像防篡改"的要求，从法律角度提供了确保闯红灯等违法取证图片原始性的技术方法，提升了闯红灯违法证据的有效性。

（3）首次制定了具有实战指导意义的验收技术规范。在这两个验收规范中，规定了验收组织、验收条件、验收文件、验收项目与方法、验收结果评价等内容，对各地非现场执法装备的验收工作具有直接的指导作用；验收规范又注重验收的可操作性，在标准附录中，详细制定了验收需要的试运行报告、初验自评估报告、验收申请、检查记录表、抽样表、验收报告等，以规范验收文本，提高验收效率。

（二）应用效益

本项目的研究成果以标准形式体现，《闯红灯自动记录系统通用技术条件》（GA/T 496 – 2009）等产品标准的实施，立即得到了全国350余家生产、安装和使用单位的积极响应，相关企业严格按照标准要求设计、生产、检验产品，从源头确保产品符合要求；《闯红灯自动记录系统验收技术规范》（GA/T 870 – 2010）等验收规范实施以来，全国各地交通管理部门严格开展系统工程验收，排查不规范装备，并积极整改。

据不完全统计，目前我国有闯红灯自动记录系统7.8万套，公路车辆智能监测记录系统5万余套，占交通管理非现场执法装备总数的75%以上，其中，北京、河北、内蒙古、山西、辽宁、黑龙江、吉林、江苏、安徽、浙江、山东、江西、河南、湖北、福建、广东、四川、云南等18个省、自治区、直辖市安装应用闯红灯自动记录系统1000套以上。2013年1月1日公安部123号令实施以来，人民群众对闯红灯等违法取证提出了更严格的要求，但是闯红灯自动记录系统等典型非现场执法装备经受了人民群众和社会舆论的考验，非现场执法取证的科学性、准确性、有效性得到了广泛认可。因此，项目研究标准的实施，极大地推动了闯红灯自动记录系统、公路车辆智能监测记录系统的应用，为查处机动车闯红灯、超速等违法行为提供了非现场执法装备保障。

六、信息安全产品分类及其紧缺产品技术标准

随着我国对信息安全的重视，信息系统用户也加大了在信息安全方面的投入，国家等级保护制度的提出与发展，更为信息安全产业的进一步发展打下坚实的基础。伴随着信息安全产品在数量和类别上的爆发性增长，目前市场上销售的信息安全产品达数千种，但由于缺乏统一的产品分类标准，厂家对产品的命名较为混杂，这给等级保护系统建设、信息安全产品的生产管理、市场管理、统计信息收集和其他界定带来了诸多困难；此外关键产品技术标准也存在滞后的现象，导致了国内销售的信息安全产品在安全保障能力方面无法达到统一、规范的要求，信息安全厂商都是依据单个用户的需求进行开发设计，导致不同信息安全产品的安全保障能力差距较大，为信息安全产品的研制、生产、使用带来了无标准可依的窘境，更无法满足产品使用者和等级保护的要求。为此，公安部第三研究所开展了"信息安全产品分类及其紧缺产品技术标准"项目研究，编制完成信息安全产品分类国家标准《信息安全技术　信息安全产品类别与代码》（GB/T 25066 – 2010），建立层次分明的信息安全产品分类，并在此基础上推出了反垃圾邮件产品等 8 个关键产品的技术标准（GA/T 986 – 2010、GA/T 987 – 2012、GA/T 988 – 2012、GA/T 989 – 2012、GA/T 910 – 2010、GA/T 911 – 2010、GA/T 912 – 2010、GA/T 913 – 2010），不仅有利于信息安全产业和市场的规范，还有利于信息安全等级保护工作的推动，很好地满足了国家信息安全行业产品分类管理和信息安全等级保护建设的需求。该项目获得 2013 年度公安部科学技术奖三等奖。

（一）主要成果

（1）GB/T 25066 – 2010 是首个与国家信息安全等级保护密切关联的产品分类国家标准，其创造性地从物理、主机、网络、数据和应用等安全层面划分了信息安全产品，明确了信息安全产品在信息系统中的使用，有效地支撑了国家等级保护工作。

（2）GB/T 25066 – 2010 在《计算机信息系统安全专用产品分类原则》（ GA 163 – 1997 ）的基础上，全面涵盖了目前市场已有的信息安全产品；同时，该标准结合信息安全产品的特点和发展趋势，科学、准确地定义了信息安全产品的类别、代码及安全要素。GB/T 25066 – 2010 不仅解决了 GA 163 – 1997 中存在的产品分类不全、划分层次不清等难题，也为信息安全产品标准体系建设奠定了基础。

（3）相比较于美国国家标准与技术研究院公布的产品简单归类——《SP800 – 36IT 安全产品的选择》，GB/T 25066 – 2010 提出了信息安全产品的多层次、细粒度分类，其分类方法粒度合理、层次分明、覆盖全面、定位准确。

（4）结合系统等级保护中信息安全产品的使用，深入研究了八类关键信息安全产品的技术特点，制定切实可行的技术标准，明确了信息安全产品的定义，提出了科学的安全功能要求和安全保证要求；并根据信息安全等级保护的要求，对信息安全产品进行了等级划分，使其更好地适应系统等级保护工作的开展对产品的分级要求，从而推动了产品标准化以及等级保护工作，为信息系统等级保护工作提供了更有效的技术支撑。

（5）此外，本项目中的八类紧缺产品技术标准完善了 GB/T 25066 – 2010 中划分的典型产品类别，填补了相关产品标准的空白。其中，GA/T 910 – 2010 等标准对相应产品的安全功能等提出规范化的要求，解决了产品评价标准不一的难题。同时，标准对产品进行了分级，也为用户在重要信息系统中部署产品提供了参考标准。

（二）应用效益

（1）GB/T 25066 – 2010 已作为国内信息安全领域信息安全产品分类的权威性技术标准，标准实施以来为公安部对信息安全产品的管理提供了重要的技术保障，有力地支持了公安部对信息安全产品的监管工作；也为国家重要信息系统中使用信息安全产品提供了有效指导，推进了等级保护工作的顺利开展。

（2）GB/T 25066 – 2010 也为信息安全产品标准体系建设奠定了的基础。目前依据该标准的分类，已有 10 多项国家标准、40 多项公安行业标准取得立项，其中包括了信息安全体系标准。

（3）本项目中的八项产品技术标准颁布后，已有 300 多个信息安全产品依据本项目的成果进行了开发设计，这些信息安全产品被广泛应用于国家重要信息系统中，有力保障了国家重要信息系统的安全运行，推进了等级保护工作的顺利开展。由此可见，标准带动了相应类型信息安全产品的研发、生产，达到了促进产品发展的目的，获得了良好的推广效果。

第八节　国际标准化活动

2013 年，在国家标准化委员会的领导和支持下，公安部科技信息化局及有关标委会积极参与国际标准化活动，并取得了实质性突破，为推动公安国际标准化工作发展作出了重要贡献。取得的成效主要包括：牵头制定国际标准 1 项，正在主导起草的国际标准 7 项，参与制修订国际标准 20 余项，完成各种形式的投票上百项，3 人次担任国际标准化技术组织领导人职务，主持或参加 10 余个国际标准化会议等。

一、安全防范报警领域国际标准化工作

2013 年，全国安全防范报警系统标准化技术委员会（SAC/TC 100）国际标准化工作取得多项突破。2013 年 7 月 22 日，国际电工委员会（IEC）批准发布了由我国主导起草的国际标准《报警系统　安防应用中的视频监控系统 – 第 3 部分：模拟数字视频接口》（IEC 62676 – 3），这是由我国负责牵头制定的第一项安全防范报警领域国际标准，是我国实质性参与国际标准制定的重要成果，填补了我国在视频监控系统国际标准领域的空白。此外，我国正在主导起草制定的安防国际标准有 4 项，即《报警系统　楼寓对讲系统》（IEC 62820）系列标准。目前，我国还派出 22 名技术专家参加了对口国际组织"国际电工委员会 / 报警与电子安防系统技术委员会（IEC/TC 79）"

中 14 项安防国际标准的制定工作。

2013 年，SAC/TC 100 共回复了 IEC/TC 79 下发的 6 类共 19 项投票文件，其中调查问卷 1 项、委员会草案文件 1 项、评论用文件 3 项、技术规范草案 1 项、委员会供投票用草案 6 项、最终国际标准草案 7 项。SAC/TC 100 秘书处组织翻译国际标准草案 6 项，共 11 万字；翻译国际标准化相关文件 2 项，共计 1 万字。2013 年，SAC/TC 100 共向国家标准化管理委员会推荐技术专家 3 名，该 3 名专家均已由国家标准委备案并上报至 IEC/TC 79，已正式开始相关工作。

2013 年，SAC/TC 100 组团参加了 5 项国际标准化工作会议：2013 年 IEC/TC 79 年会、IEC/TC 79 主席顾问会议（IEC/TC 79/CAG）、楼寓对讲系统（IEC/TC 79/PT 62820）伦敦技术会议、IEC/TC 79/PT62820 米兰技术会议和视频监控系统（IEC/TC 79/WG12）米兰技术会议。

2013 年 4 月，IEC/TC 79/PT 62820 的第二次全体专家会议在英国伦敦召开，来自中国、英国、法国 3 个国家的 11 名专家参会。该国际标准新项目由我国负责牵头制定，我国专家何成明作为项目负责人主持会议。会议决定将 IEC62820 国际标准划分为模拟楼寓对讲系统、数字楼寓对讲系统、高安全性楼寓对讲系统和应用指南 4 部分，并初步讨论了每部分的范围。

2013 年 10 月 14 日 – 16 日，召开的 IEC/TC 79/PT62820 会议由来自中国、英国、西班牙等 8 个国家的 20 名专家参加。会议结合英国决议和 4 月份以来各国专家提出的技术意见，最终确定将 IEC62820 国际标准划分为四项分标准并上报 IEC/TC 79 年会，分别为《报警系统 楼寓对讲系统 第 1 – 1 部分：通用要求》（IEC 62820 – 1 – 1）、《报警系统 楼寓对讲系统 第 1 – 2 部分：全数字要求》（IEC 62820 – 1 – 2）、《报警系统 楼寓对讲系统 第 2 部分：高安全性要求》（IEC 62820 – 2）、《报警系统 楼寓对讲系统 第 3 部分：应用指南》（IEC 62820 – 3）。IEC/TC 79 年会通过了上述划分，并决议将该项目组上升为工作组（IEC/TC 79/WG13），我国专家何成明任工作组召集人。同时，根据上述分标准内容，IEC/TC 79 将工作组分为 4 个相应的项目组。

2013 年 10 月 15 日 – 16 日，召开 IEC/TC 79/WG12 会议。会议由召集人 Frank Rottmann 主持，来自中国、德国、法国、俄罗斯等 8 个国家的 13 名技术专家参会。Frank Rottmann 指出，截至 2013 年 10 月，该工作组负责制定的 7 项国际标准制定工作均取得很大进展，其中中国负责牵头制定的《模拟数字视频接口》国际标准已率先于 2013 年 7 月正式发布。作为 IEC62676 – 3 国际标准项目负责人，我国专家陈朝武向会议作出汇报，同时介绍了中国国家标准 GB/T 28181 – 2011 的贯彻实施及应用情况以及相关产品检测情况，展示了中国标准化工作的技术实力，得到了工作组各位专家的广泛关注。与会代表还就视频信息与其他应用系统的综合应用、智能视频分析技术发展及可能制定的相关国际标准进行了研讨，就 IEC/TC 79 领域视频等国际标准与 IEC/TC 9、ISO/TC 21、ISO/TC 223 和 IEC/ISO/ITU – T 等其他国际标准化委员会建立联合工作组事宜进行了研究。

2013 年 10 月 16 日，召开 IEC/TC 79/CAG 会议。会议参加成员为 IEC/TC 79 主席、秘书、亚洲区顾问陈朝武女士，欧洲区顾问 Per Björkdahl 先生和美洲区顾问 Aghdasi Farzin 先生。会上，三位顾问分别就各自所负责区域内的成员国对 IEC/TC 79 的工作建议进行了汇报。陈朝武向会议介绍了中国、日本、韩国、澳大利亚和新西兰专家对 IEC/TC 79 的新工作项目提案和感兴趣领域。这是继 2008 年 IEC/TC 79 年会之后，我国专家第二次承担主席顾问工作。

2013 年 10 月 17 日 – 18 日，IEC/TC 79 年会及各工作组会议在意大利米兰召开。经国家标准委和公安部批准，我国安防标准化代表团参加了会议。IEC/TC 79 年会由 IEC 意大利国家委员会（CEI）承办，来自中国、美国、英国等 13 个国家的 37 名代表参加了会议。会议开始，IEC/TC 79 主席、秘书和 IEC 中央办公室技术官 Charles Jacquemart 先生首先向全体参会专家通报了 IEC/TC 79 在过去一年内正式发布的两项国际标准，即 IEC60839 – 11 – 1 和 IEC62676 – 3。Charles 指出，要充分肯定中国专家几年来在上述两项国际标准制定工作中的贡献。中国共派出 6 名专家参加 IEC60839 – 11 – 1 国际标准制定工作，同时作为 IEC62676 – 3 项目负责人牵头制定该国际标准。这在以欧洲国家为主体的 IEC/TC 79 工作中是非常难得的，值得表扬。各国参会代表向中国专家表示祝贺。

二、消防领域国际标准化工作

2013 年，消标委及各分技术委员会在参与国际标准制修订、担任国际标准化技术组织领导人职务、主持或参加国际标准化会议等各方面积极参与国际标准化活动，成效显著。

主导制定国际标准。主导承担《泡沫灭火设备系列标准》（ISO 7076）的第 3 部分：中倍泡沫发生装置和第 4 部分：高倍泡沫发生装置、《消防联动控制设备》（ISO 7240 – 28）等三项国际标准的制修订工作。

参与国际标准制修订。参与《用 FTIR 方法分析火灾烟气中毒性气体的取样和分析指南》（ISO 19702）、《火灾探测与报警系统　第 9 部分：火灾探测器试验火源》（ISO 7240 – 9）、《火灾探测与报警系统　第 15 部分：点型感烟感温复合探测器》（ISO 7240 – 15）等 5 项国际标准的制修订工作。

国际标准草案投票。组织办理 21 项国际标准送审稿、48 项新标准项目建议和草案稿、16 项国际标准复审件的网上电子投票和意见回复工作。根据中国 WTO/TBT 通报咨询中心的来函要求，办理欧盟、埃及、以色列、博茨瓦纳等国际组织、国家和地区关于手提式灭火器、氢氟烃灭火剂、干粉灭火剂、独立式感烟探测器、地上和地下消火栓配件、火灾分类标准等 9 项 TBT 通报的答复意见。

提交国际标准提案。代表我国向国际标准化组织提出了《泡沫灭火设备》（ISO 7076）系列标准的第 3 部分：中倍泡沫发生装置和第 4 部分：高倍泡沫发生装置两项新标准项目提案，经网上电子投票表决，获得多数成员国赞成，得以成功立项。

主持或参加国际标准化会议。共派遣 15 人次，组成 5 个代表团，分别参加了 ISO/TC 92/SC 3、SC 4 消防安全工程，ISO/TC 94/SC 14 消防员个人防护装备，ISO/TC 21/SC 3、SC 6 消防设备等 5 个分技术委员会年会，参与会议讨论和投票表决；主持召开 ISO/TC 21/SC 6 年会及工作组会议。

担任国际标准化技术组织领导人职务。国家固定灭火系统和耐火构件质量监督检验中心（挂靠于公安部天津消防研究所）副主任张少禹目前担任 ISO/TC 21/SC 6 主席，庄爽担任 ISO/TC 21/SC 6 秘书，任期为 2013 年 9 月至 2015 年 12 月。

三、警用通信领域国际标准化工作

2013 年，受工业和信息化部委托，科技信息化局无线处派员加入中国国家代表团参加了国际电信联盟无线电通信局 5A 工作组、亚太电信组织无线电工作组的工作例会，并具体承担了公共保护与救灾（PPDR）议题的参会任务。其间，组织撰写英文提案 9 篇，通过积极参与辩论，广泛进行国际交流，将我方的观点成功写入了国际电联、亚太电信组织的决议或输出报告，为进一步凸显我国在此领域的领头地位作出了贡献。

第四篇 检验认证篇

第一节 2013 年产品检验情况

2013 年，15 家质检机构按照公安部的统一部署，遵循科学、公正、公开、公平的检测原则，充分发挥各自的技术优势，严把质量关，全年共出具检验报告 57067 份，较 2012 年增加了 14298 份，增幅为 33.4%。检测涉及消防、安全技术防范、特种警用装备、交通安全、刑事技术、信息安全、计算机安全、警用通信、防伪技术等相关领域的产品，为一线公安执法部门提供了准确数据和技术支撑，为实施科技强警战略、提升公安机关核心战斗力作出了积极的贡献。

一、国家消防电子产品质量监督检验中心（沈阳）

2013 年，国家消防电子产品质量监督检验中心共出具检验报告 6443 份，数量较 2012 年度增长 80%，包括型式检验、型式试验、委托检验、专项监督检验、阻燃标识发证检验、监督抽查检验、见证取样（抽样）检验等类型，其中型式试验出具的报告最多，为 3090 份，具体统计结果见表 4 - 1 - 1 和图 4 - 1 - 1。

表 4 - 1 - 1 2013 年出具检验报告统计表

报告类型	出具报告份数
型式检验	126
型式试验	3090
委托检验	493
专项监督检验	2213
阻燃标识发证检验	9
监督抽查检验	30
见证取样（抽样）检验	482
出具报告总数	6443

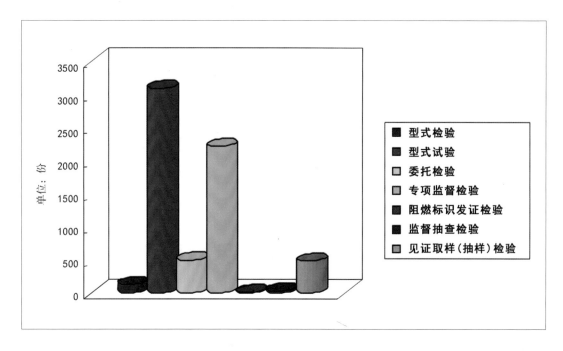

图 4 - 1 - 1 2013 年出具检验报告统计图

二、国家固定灭火系统和耐火构件质量监督检验中心（天津）

国家固定灭火系统和耐火构件质量监督检验中心 2013 年共出具检验报告 13731 份，较 2012 年增加了 37.2%，包括型式检验、型式试验、认证检验、专项监督检验、委托检验、委托试验、阻燃标识发证检验、地方监督抽查检验、行业监督抽检验等类型，其中地方监督抽查检验出具报告最多，为 3089 份，具体统计结果见表 4 - 1 - 2 和图 4 - 1 - 2。

表 4 - 1 - 2 2013 年出具检验报告统计表

报告类型	出具报告份数
型式检验	2909
型式试验	2224
认证检验	200
专项监督检验	2742
委托检验	1733
委托试验	652
阻燃标识发证检验	142
地方监督抽查检验	3089
行业监督抽查检验	9

报告类型	出具报告份数
其他	31
出具报告总数	13731

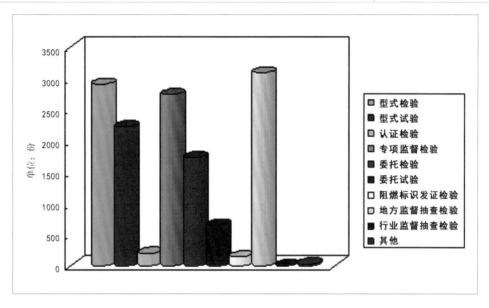

图4－1－2 2013年出具检验报告统计图

三、国家防火建筑材料质量监督检验中心（四川）

国家防火建筑材料质量监督检验中心2013年共出具检验报告7177份，较2012年增加了27.3%，包括型式检验、型式试验、监督检验、委托检验、阻燃标识发证检验、专项监督检验、见证检验等类型，其中委托检验出具报告最多，为2500份，具体统计结果见表4－1－3和图4－1－3。

表4－1－3 2013年出具检验报告统计表

报告类型	出具报告份数
型式检验	2200
型式试验	920
监督检验	450
委托检验	2500
阻燃标识发证检验	400
专项监督检验	192
见证检验	515
出具报告总数	7177

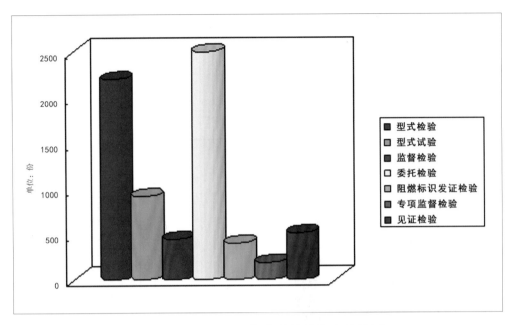

图 4 - 1 - 3 2013 年出具检验报告统计图

四、国家消防装备质量监督检验中心（上海）

国家消防装备质量监督检验中心 2013 年共出具检验报告 7785 份，较 2012 年增加了 20.7%，包括认证发证检验、型式检验、委托检验、型式试验、监督检验等，其中型式检验出具报告最多，为 3176 份，具体统计结果见表 4 - 1 - 4 和图 4 - 1 - 4。

表 4 - 1 - 4 2013 年出具检验报告统计表

报告类型	出具报告份数
认证发证检验	1251
型式检验	3176
委托检验	878
型式试验	185
监督检验	1383
其他	912
出具报告总数	7785

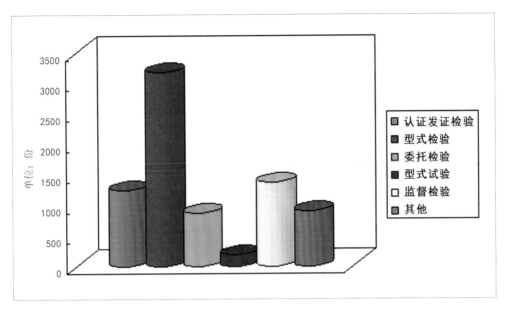

图 4 - 1 - 4 2013 年出具检验报告统计图

五、公安部安全与警用电子产品质量检测中心 / 国家安全防范报警系统产品质量监督检验中心（北京）/ 公安部特种警用装备质量监督检验中心

公安部安全与警用电子产品质量检测中心 / 国家安全防范报警系统产品质量监督检验中心（北京）/ 公安部特种警用装备质量监督检验中心 2013 年共出具检验报告 12213 份，较 2012 年增加了 21.4%，涉及安防电子、道路交通、安防工程、实体防护、警用装备、警用服饰、软件及信息安全等产品，其中出具的警用服饰产品报告最多，为 4688 份，具体统计结果见表 4 - 1 - 5 和图 4 - 1 - 5。

表 4 - 1 - 5 2013 年出具检验报告统计表

报告类型	出具报告份数
安防电子产品	3300
道路交通产品	824
安防工程产品	131
实体防护产品	1653
警用装备产品	427
警用服饰产品	4688
软件产品	625
信息安全产品	565
出具报告总数	12213

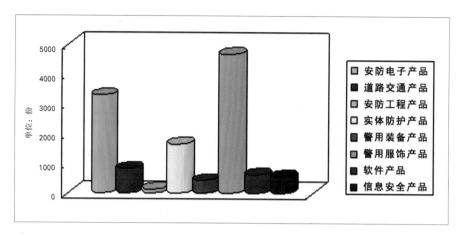

图 4 - 1 - 5 2013 年出具检验报告统计图

六、国家安全防范报警系统产品质量监督检验中心（上海）/公安部安全防范报警系统产品质量监督检验测试中心 / 公安部计算机信息系统安全产品质量监督检验中心 / 公安部信息安全产品检测中心 / 公安部信息安全等级保护评估中心

公安部计算机安全产品质量检测中心 / 公安部信息安全产品检测中心 / 国家安全防范报警系统产品质量监督检验中心（上海）/公安部信息安全等级保护评估中心（北京）2013 年度共出具检验报告 7171 份，较 2012 年增加了 38.0%，涉及安防电子、实体防护类、信息安全等产品的检验，其中出具的安防电子产品报告最多，为 4996 份，具体统计结果见表 4 - 1 - 6 和图 4 - 1 - 6。

表 4 - 1 - 6 2013 年出具检验报告统计表

报告类型	出具报告份数
安防电子产品	4996
实体防护产品	1259
信息安全产品	916
出具报告总数	7171

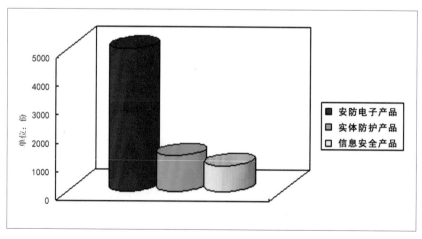

图 4 - 1 - 6 2013 年出具检验报告统计图

七、公安部刑事技术产品质量监督检验中心／公安部防伪产品质量监督检验中心

公安部刑事技术产品质量监督检验中心／公安部防伪产品质量监督检验中心 2013 年共出具检验报告 307 份，较 2012 年增加了 63.3%，包括型式检验和委托检验，具体统计结果见表 4 – 1 – 7 和图 4 – 1 – 7。

表 4 – 1 – 7 2013 年出具检测报告统计表

报告类型	出具报告份数
型式检验	118
委托检验	189
出具报告总数	307

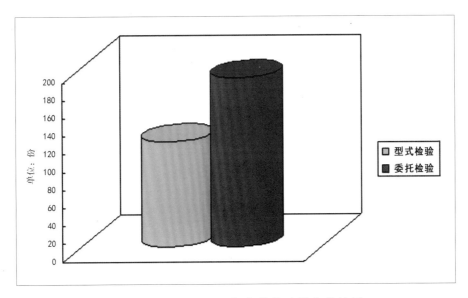

图 4 – 1 – 7 2013 年出具检验报告统计图

八、公安部交通安全产品质量监督检测中心／国家道路交通安全产品质量监督检验中心

公安部交通安全产品质量监督检测中心／国家道路交通安全产品质量监督检验中心 2013 年共出具检验报告 2240 份，较 2012 年增加了 40.4%，包括委托检验、单项检验、3C 检验、监督检验等，其中出具的委托及钠盐报告最多，为 1542 份，具体统计结果见表 4 – 1 – 8 和图 4 – 1 – 8。

表 4 – 1 – 8 2013 年出具检测报告统计表

报告类型	出具报告份数
委托检验	1542

报告类型	出具报告份数
单项检验	358
3C 检验	156
监督检验	184
出具报告总数	2240

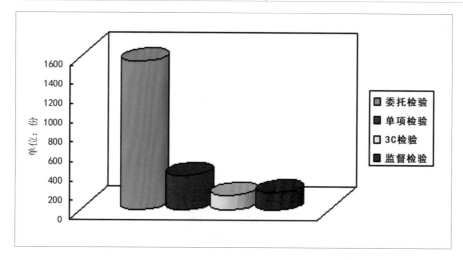

图 4 - 1 - 8 2013 年出具检验报告统计图

第二节 2013 年产品认证情况

2013 年，公安部继续对消防、安全技术防范、道路交通、刑事技术、警用通信等部分社会公共安全产品推行产品认证制度，向社会通报社会公共安全产品认证结果信息。截至 2013 年年底，有消防、安全技术防范、道路交通安全 3 大类 56 种产品实施强制性产品认证，有消防 12 类产品和安全技术防范、刑事技术、警用通信、道路交通安全等 4 类 10 种产品实施自愿性认证。通过初始认证和获证后监督，依据标准持续进行产品符合性检查，促进了社会公共安全产品标准有效地贯彻执行。

一、产品认证范围

（一）安防认证中心

开展的强制性产品认证（CCC 认证）包括：入侵探测器、防盗报警控制器、汽车防盗报警系统、防盗保险柜、防盗保险箱、汽车行驶记录仪、车身反光标识等安全技术防范、道路交通安全等 2 类共计 13 种产品。

自愿性产品认证（GA 认证）包括：防盗安全门、防盗锁、呼出气体酒精探测器、道路交通信号灯、"502"指印熏显柜、警用多波段光源、警用活体指／掌纹采集仪、警用 DNA 试剂、警用指纹识别系统、警用 350 兆通信设备等安全技术防范、道路交通安全、刑事技术、警用通信等 4 类共计 10 种产品。

（二）消防评定中心

开展的强制性产品认证（CCC 认证）包括：火灾报警设备、喷水灭火设备、消防水带、汽车消防车、泡沫灭火设备、建筑耐火构件、消防装备产品、灭火剂产品，共计 8 类 43 种。

消防产品质量认证包括：防火门、消火栓、灭火器、消防枪炮、消防接口、消防应急灯具、可燃气体、防火阻燃材料、自动寻的喷水灭火装置产品、预作用报警阀组产品、微水雾滴灭火设备产品、感温自启动灭火装置产品等 12 类产品。

二、安防认证企业和证书情况

2013 年，中国安全技术防范认证中心保持有效的安全技术防范产品强制性认证证书 1277 张，涉及企业 866 家（按认证规则累计计算）；保持有效的道路交通安全产品强制性认证证书 165 张，涉及企业 140 家。公共安全产品自愿性产品认证（"GA"标志认证）保持有效证书 195 张，涉及企业 90 家，发放 GA 认证标志 56 万个。

（一）强制性产品认证企业和证书数量

2013 年，安全技术防范产品强制性认证证书保持平稳，道路交通安全产品强制性认证证书和企业有所增加。汽车行驶记录仪 2012 年新版产品标准发布实施，中心完成了相应的证书换发工作。

1. 2013 年，安全技术防范产品强制性认证涉及企业 866 家，保持有效认证证书 1277 张，新增证书 240 张。其中，防盗保险柜（箱）认证证书和企业数量最多，分别是 448 张和 255 家，见表 4 - 2 - 1。

表 4 - 2 - 1　2013 年安防产品强制性认证企业和证书数量统计表

认证产品	累计企业数（家）	新增证书数（张）	有效证书数（张）
入侵探测器	196	62	400
防盗报警控制器	227	48	238
汽车防盗报警系统	188	36	191
防盗保险柜箱	255	94	448
合计	866	240	1277

2. 2013 年，道路交通安全产品汽车行驶记录仪和车身反光标识强制性产品认证涉及企业 140 家，保持有效证书 165 张。其中，汽车行驶记录仪因标准换版转换认证证书 144 张，见表 4 - 2 - 2。

表4－2－2 2013年汽车行驶记录仪和车身反光标识强制性产品认证企业和证书数量统计表

认证产品	累计企业数（家）	有效证书数（张）	新增证书数（张）	换发证书数（张）
汽车行驶记录仪	112	134	101	43
车身反光标识	28	31	3	25
合计	140	165	104	68

（二）自愿性产品认证企业和证书数量

2013年，公共安全产品自愿性产品认证（即"GA"标志认证）涉及企业87家，共颁发认证证书259张，保持有效证书195张。

1. 安全技术防范产品

2013年，安全技术防范产品实施公安部公共安全产品自愿性产品认证（即"GA"标志认证）涉及企业56家，累计颁发认证证书163张，保持有效证书137张，见表4－2－3。

表4－2－3 2013年安全技术防范产品自愿性认证企业和证书数量统计表

认证产品	累计企业数（家）	累计颁发证书数（张）	有效证书数（张）
防盗安全门	37	127	101
防盗锁	19	39	36
合计	56	166	137

2. 道路交通安全产品

2013年，交通信号灯产品实施公共安全产品自愿性产品认证涉及企业5家，保持认证证书6张，见表4－2－4。

表4－2－4 2013年道路交通安全产品认证企业和证书数量统计表

认证产品	累计企业数（家）	新增企业数（家）	有效证书数（张）
交通信号灯	5	0	6
合计	5	0	6

3. 刑事技术产品

2013年，刑事技术活体指掌纹采集仪、DNA试剂盒实施公共安全产品自愿性产品认证涉及认证企业20家，保持有效证书46张，见表4－2－5。

表 4 - 2 - 5 2013 年刑事技术产品认证企业和证书数量统计表

认证产品	累计企业数（家）	新增企业数（家）	有效证书数（张）
活体指纹 / 掌纹采集仪	14	2	29
DNA 试剂盒	6	0	17
合计	20	2	46

4. 警用通信产品

2013 年，警用通信产品 350 兆通信设备实施公共安全产品自愿性产品认证涉及企业 6 家，保持有效证书 6 张，见表 4 - 2 - 6。

表 4 - 2 - 6 2013 年警用通信产品认证企业和证书数量统计表

认证产品	累计企业数（家）	累计颁发证书数（张）	有效证书数（张）
350 兆通信设备	6	10	6
合计	6	10	6

（三）认证企业和证书情况分析

2013 年，安防认证中心的强制性产品认证保持平稳，自愿性产品认证保持增长。

1. 强制性产品认证企业和证书数量及分布

（1）强制性认证企业和证书数量从 2011 年至 2013 年呈平稳增长的趋势，2013 年最多，为 420 家，见表 4 - 2 - 7 和图 4 - 2 - 1。

表 4 - 2 - 7 2011 年至 2013 年获证企业情况统计表

年 度	2011 年	2012 年	2013 年
企业数量（家）	365	384	420
涉及有效证书数量（张）	1215	1321	1438

注：统计数据截至 2013 年年底获证的生产厂数据。

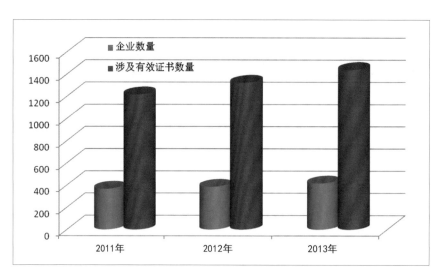

图 4 - 2 - 1 2011 年至 2013 年获证企业情况统计图

（2）国内强制性认证企业数量为 388 家，仍主要集中在长三角、珠三角等国内经济发达地区。广东、浙江、上海分列前三位，分别为 122 家、87 家和 29 家，见表 4 - 2 - 9 和图 4 - 2 - 2。

表 4 - 2 - 8 2013 年认证获证国内企业地域分布统计表

地区名称	生产厂数	地区名称	生产厂数
广东省	122	江西省	4
浙江省	87	重庆市	4
上海市	29	湖北省	4
江苏省	27	黑龙江省	3
福建省	26	湖南省	3
河北省	17	山西省	3
北京市	15	天津市	3
河南省	11	辽宁省	2
安徽省	10	陕西省	2
四川省	9	吉林省	2
山东省	4	广西壮族自治区	1
合 计	388		

注：统计数据截至 2013 年年底获证的生产厂数据。

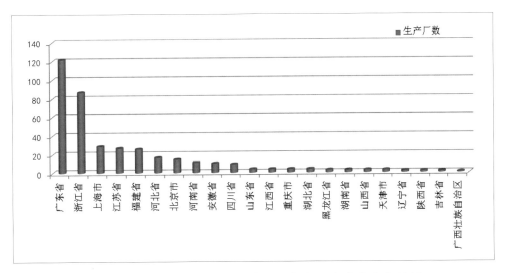

图 4 - 2 - 2 2013 年认证获证国内企业地域分布统计图

（3）境外强制性认证企业数量为 32 家，韩国最多，为 10 家，见表 4 - 2 - 9 和图 4 - 2 - 3。

表 4 - 2 - 9 2013 年认证获证境外企业地域分布统计表

国家或地区	生产厂数量（家）	国家或地区	生产厂数量（家）
韩国	10	印度尼西亚	1
日本	5	匈牙利	1
美国	4	台湾省	1
以色列	3	墨西哥	1
英国	2	捷克	1
加拿大	2	德国	1
合计		32	

注：统计数据截至 2013 年年底获证的生产厂数据。

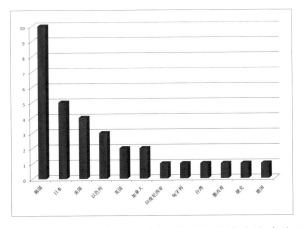

图 4 - 2 - 3 2013 年认证获证境外企业地域分布统计图

（4）2013 年，按照认证要求，批准颁发证书，对相关企业的证书进行暂停、注销、撤销处理。其中颁发情况的企业和证书数量最多，撤销情况最少，见表 4 - 2 - 10 和图 4 - 2 - 4。

表 4 - 2 - 10 2013 年颁发证书、暂停、注销、撤销证书统计表

类别	证书数量（张）	企业数量（家）
颁发	330	164
暂停	101	57
注销	186	100
撤销	56	37
合计	673	358

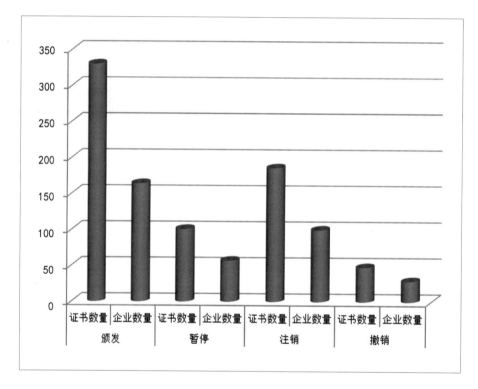

图 4 - 2 - 4 2013 年颁发证书、暂停、注销、撤销证书统计图

2. 自愿性产品认证企业数量及分布

（1）2008 年至 2013 年，自愿性产品认证证书和企业及 GA 认证标志发放量保持增长，2013 年最多，分别为企业 65 家，证书 193 张，见表 4 - 2 - 12 和图 4 - 2 - 5。

表 4 - 2 - 11 2008 年至 2013 年获证企业和证书情况统计表

年度	2008 年	2009 年	2010 年	2011 年	2012 年	2013 年
企业数量（家）	25	41	38	47	61	65

年度	2008年	2009年	2010年	2011年	2012年	2013年
涉及有效证书数量（张）	41	55	95	126	165	193

注：统计数据截至2013年年底获证的生产厂数据。

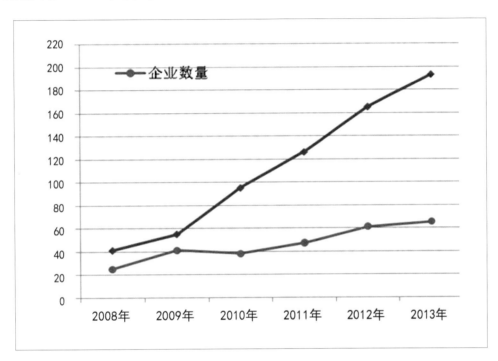

图4－2－5 2008年至2013年获证企业和证书情况统计图

（2）自愿性产品认证企业主要在浙江和江苏两地，占总数的66%，见表4－2－12和图4－2－6。

表4－2－12 2013年获证国内企业地域分布统计表

地区名称	生产厂数量（家）	地区名称	生产厂数量（家）
浙江省	35	四川省	1
江苏省	8	上海市	1
广东省	5	辽宁省	1
吉林省	4	江西省	1
北京市	3	湖南省	1
天津市	2	湖北省	1
重庆市	1	黑龙江省	1
合计		65	

注：统计数据截至2013年年底获证的生产厂数据。

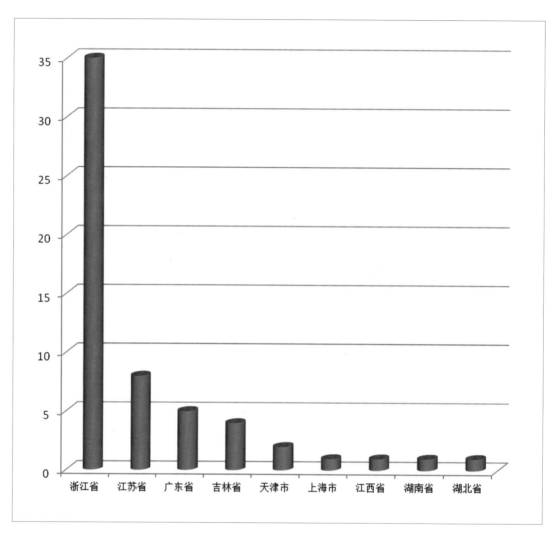

图 4 - 2 - 6 2013年获证国内企业地域分布统计图

（3）从2011年至2013年自愿性认证标志（GA标志）发放情况，见表4 - 2 - 13和图4 - 2 - 7。

表 4 - 2 - 13 2013年自愿性认证标志（GA标志）发放情况表

标 志 类 型	2011 年	2012 年	2013 年
标准和专用 GA 标志（万枚）	6.4	9.1	6.4
非标准 GA 标志（万个）	19	39	50.3

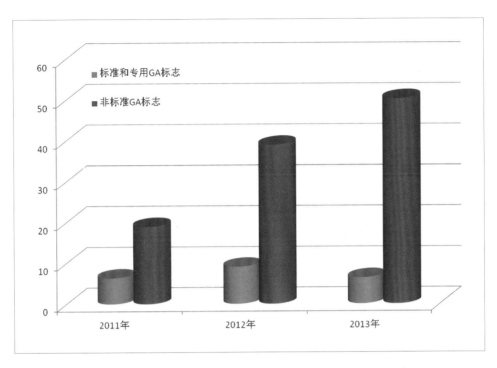

图 4 - 2 - 7 2013 年自愿性认证标志（GA 标志）发放情况图

三、消防认证企业和证书数量

2013 年，公安部消防产品合格评定中心发放及保持涉及国内外 914 家企业（按产品类别统计）的强制性产品认证证书 5270 张；发放及保持涉及国内 2057 家企业的消防产品质量认证证书 15789 张；发放技术鉴定证书 2 张；发放消防产品身份信息标志 1.9766 亿枚。

1.强制性产品认证

（1）2013 年度发放强制性认证证书的企业数量及证书数量

2013 年度，公安部消防产品合格评定中心共向国内外 683 家企业发放消防产品强制性认证证书 2982 张，见表 4 - 2 - 14 和图 4 - 2 - 8。

表 4 - 2 - 14 2013 年发放强制性认证证书的企业数量及证书数量统计表

产品名称	消防水带	火灾报警产品	泡沫灭火设备产品	汽车消防车产品	喷水灭火产品	建筑耐火构件	消防装备产品	灭火剂产品
企业数量	104	270	40	33	80	81	24	51
证书数量	523	1349	213	196	372	151	29	149

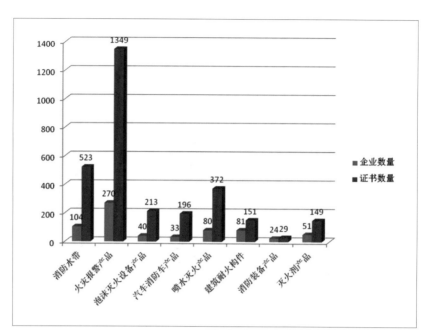

图4-2-8 2013年发放强制性认证证书的企业数量及证书数量统计图

（2）2013年度持有效消防产品强制性认证证书的企业数量及证书数量，见表4-2-15和图4-2-9。

表4-2-15 2013年持有效消防产品强制性认证证书的企业数量及证书数量统计表

产品名称	消防水带	火灾报警产品	泡沫灭火设备产品	汽车消防车产品	喷水灭火产品	建筑耐火构件	消防装备产品	灭火剂产品
企业数量	124	324	53	41	98	107	38	129
证书数量	553	2192	305	754	690	212	54	510

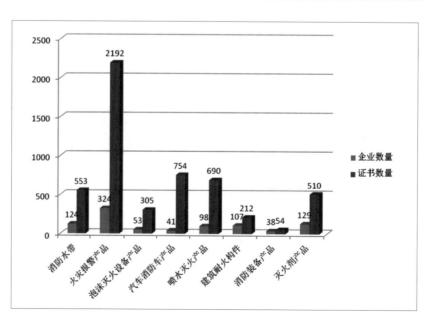

图4-2-9 2013年持有效消防产品强制性认证证书的企业数量及证书数量统计图

（3）消防产品强制性认证国内获证企业证书地域分布，见表4-2-16和图4-2-10。

表4-2-16 2013年消防产品强制性认证获证国内企业证书地域分布统计表

省、自治区、直辖市	证书数量	百分比
江苏省	1191	13.49%
浙江省	992	11.24%
北京市	953	10.80%
上海市	939	10.64%
福建省	832	9.43%
广东省	778	8.81%
辽宁省	562	6.37%
河北省	411	4.66%
四川省	403	4.57%
山东省	377	4.27%
陕西省	290	3.29%
安徽省	231	2.62%
河南省	195	2.21%
天津市	170	1.93%
湖北省	123	1.39%
吉林省	71	0.80%
江西省	66	0.75%
香港特别行政区	53	0.60%
黑龙江省	52	0.59%
湖南省	36	0.41%
山西省	29	0.33%
重庆市	24	0.27%
新疆维吾尔自治区	17	0.19%
贵州省	12	0.14%
云南省	5	0.06%

省、自治区、直辖市	证书数量	百分比
青海省	4	0.05%
台湾省	4	0.05%
广西壮族自治区	2	0.02%
海南省	2	0.02%
宁夏回族自治区	2	0.02%
内蒙古自治区	1	0.01%

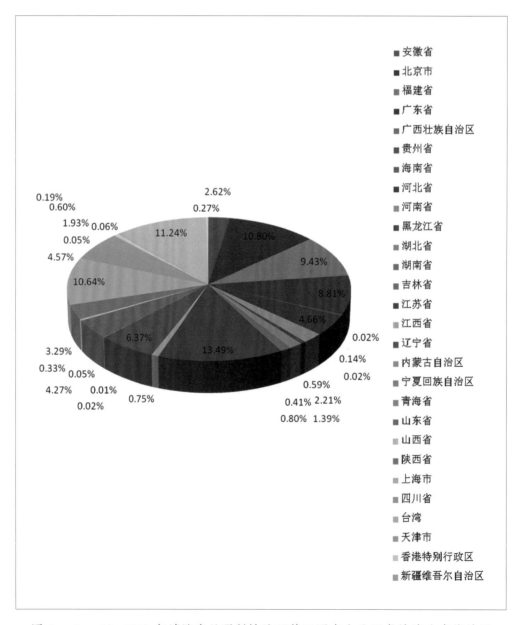

图4－2－10　2013年消防产品强制性认证获证国内企业证书地域分布统计图

（4）消防产品强制性认证获证国外企业证书地域分布，见表4－2－17和图4－2－11。

表4－2－17　2013年消防产品强制性认证获证国外企业证书地域分布统计表

国别	证书数量	百分比
奥地利	22	2.85%
澳大利亚	15	1.94%
德国	84	10.88%
法国	23	2.98%
芬兰	16	2.07%
韩国	11	1.42%
美国	305	39.51%
日本	125	16.19%
瑞士	39	5.05%
新西兰	31	4%
以色列	3	0.39%
意大利	2	0.26%
英国	96	12.44%
俄罗斯	1	0.10%

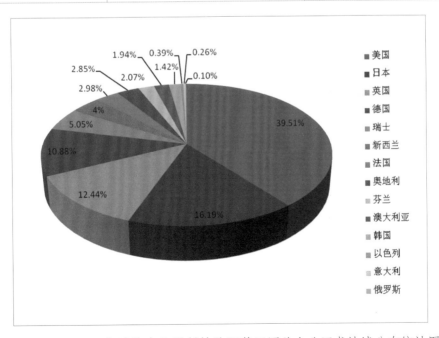

图4－2－11　2013年消防产品强制性认证获证国外企业证书地域分布统计图

2. 消防产品质量认证

2013 年，消防产品质量认证涉及企业 2057 家，保持有效的质量认证证书 15789 张。其中，防火门认证企业数量最多，为 791 家；保持有效的产品认证证书数量也最多，为 9434 张，见表 4 - 2 - 18 和图 4 - 2 - 12。

表 4 - 2 - 18　2013 年消防产品质量认证证书的企业数量及证书数量统计表

产品类别	持有效证书单位数（家）	有效证书数（张）
防火门	791	9434
防火阻燃材料	377	1263
火灾报警设备	119	539
灭火器	112	970
消防接口	93	490
消防枪炮	90	145
消防照明疏散指示产品	302	1848
消火栓	106	956
感温自启动灭火装置	13	29
微水雾滴灭火设备	20	58
预作用报警阀组	24	24
自动寻的喷水灭火装置	10	33
合计	2057	15789

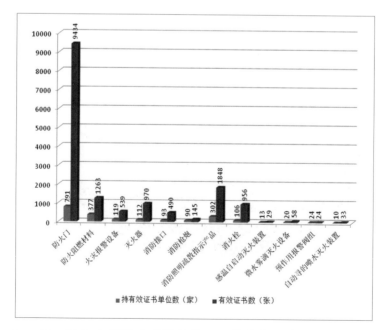

图 4 - 2 - 12　2013 年消防产品质量认证证书的企业数量及证书数量统计图

主要质量认证产品国境内企业分布如下：

表 4 - 2 - 19　2013 年防火门产品认证企业分布表

地区名称	生产厂数（家）	地区名称	生产厂数（家）
浙江省	120	陕西省	17
江苏省	82	重庆市	14
广东省	59	湖南省	13
辽宁省	46	山西省	13
上海市	41	江西省	11
河北省	40	新疆维吾尔自治区	11
山东省	39	吉林省	11
北京市	37	内蒙古自治区	11
四川省	33	甘肃省	10
福建省	32	安徽省	10
河南省	28	云南省	9
天津市	26	贵州省	8
黑龙江省	23	青海省	3
湖北省	22	海南省	3
广西壮族自治区	17	宁夏回族自治区	2
合计		791	

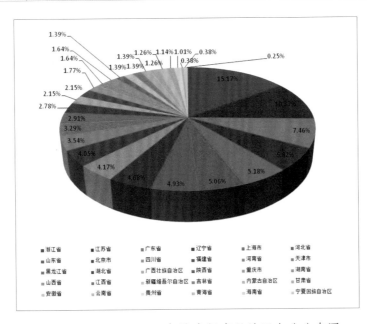

图 4 - 2 - 13　2013 年防火门产品认证企业分布图

表4－2－20　2013年防火阻燃材料产品认证企业分布表

地区名称	生产厂数（家）	地区名称	生产厂数（家）
江苏省	72	山西省	8
北京市	45	新疆维吾尔自治区	8
河南省	32	陕西省	7
浙江省	29	吉林省	6
上海市	23	黑龙江省	5
山东省	21	云南省	4
广东省	19	重庆市	3
河北省	18	江西省	3
辽宁省	15	湖南省	3
四川省	14	广西壮族自治区	1
天津市	10	内蒙古自治区	1
湖北省	10	宁夏回族自治区	1
福建省	10	甘肃省	1
安徽省	8		
合计		377	

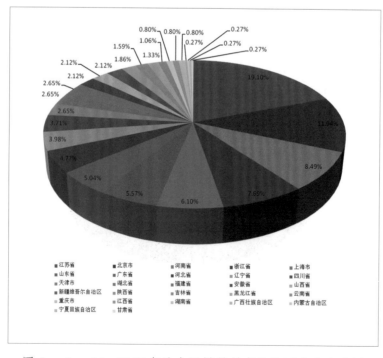

图4－2－14　2013年防火阻燃材料产品认证企业分布图

表 4 - 2 - 21   2013 年灭火器产品认证企业分布表

地区名称	生产厂数（家）	地区名称	生产厂数（家）
江苏省	17	内蒙古自治区	3
浙江省	17	山西省	3
广东省	10	黑龙江省	2
山东省	7	湖北省	2
辽宁省	6	四川省	2
河北省	5	天津市	2
河南省	5	云南省	2
上海市	5	重庆市	2
安徽省	4	甘肃省	1
北京市	4	湖南省	1
江西省	4	宁夏回族自治区	1
福建省	3	新疆维吾尔自治区	1
广西壮族自治区	3		
合计		112	

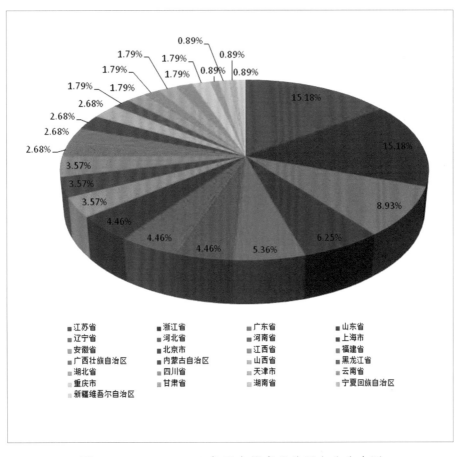

图 4 - 2 - 15   2013 年灭火器产品认证企业分布图

表 4 - 2 - 22   2013 年消防接口产品认证企业分布表

地区名称	生产厂数（家）	地区名称	生产厂数（家）
福建省	33	上海市	3
江苏省	32	四川省	3
河南省	4	安徽省	2
江西省	4	山东省	2
天津市	4	广东省	1
浙江省	4	湖南省	1
合计		93	

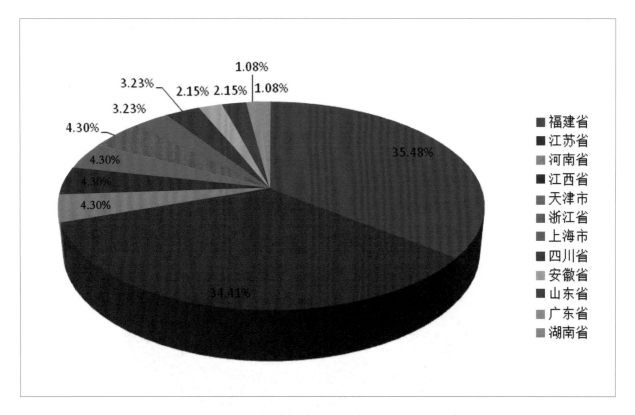

图 4 - 2 - 16   2013 年消防接口产品认证企业分布图

表 4 - 2 - 23   2013 年消防枪炮产品认证企业分布表

地区名称	生产厂数（家）	地区名称	生产厂数（家）
福建省	33	上海市	3
江苏省	30	四川省	3

地区名称	生产厂数（家）	地区名称	生产厂数（家）
江西省	5	安徽省	2
天津市	4	山东省	2
浙江省	4	河北省	1
河南省	3		
合计	90		

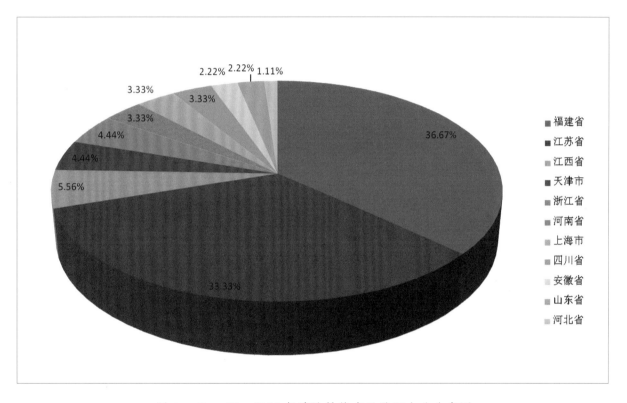

图 4 - 2 - 17 2013 年消防枪炮产品认证企业分布图

表 4 - 2 - 24 2013 年消防照明疏散指示产品认证企业分布表

地区名称	生产厂数（家）	地区名称	生产厂数（家）
广东省	114	吉林省	5
江苏省	27	海南省	3
北京市	24	湖南省	3
浙江省	22	江西省	3

地区名称	生产厂数（家）	地区名称	生产厂数（家）
上海市	18	天津市	3
辽宁省	17	河南省	2
四川省	17	湖北省	2
福建省	12	广西壮族自治区	1
山东省	10	河北省	1
安徽省	9	内蒙古自治区	1
重庆市	7	陕西省	1
合计		302	

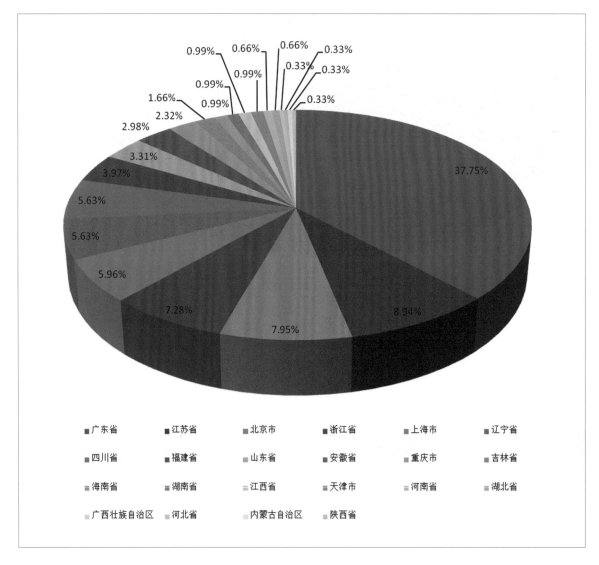

图4－2－18　2013年消防照明疏散指示产品认证企业分布图

表 4 - 2 - 25　2013 年消火栓产品认证企业分布表

地区名称	生产厂数（家）	地区名称	生产厂数（家）
福建省	30	上海市	4
江苏省	18	湖北省	3
天津市	6	江西省	3
浙江省	6	云南省	2
安徽省	5	广东省	1
河南省	5	广西壮族自治区	1
山东省	5	湖南省	1
四川省	5	辽宁省	1
北京市	4	山西省	1
河北省	4	重庆市	1
合计		106	

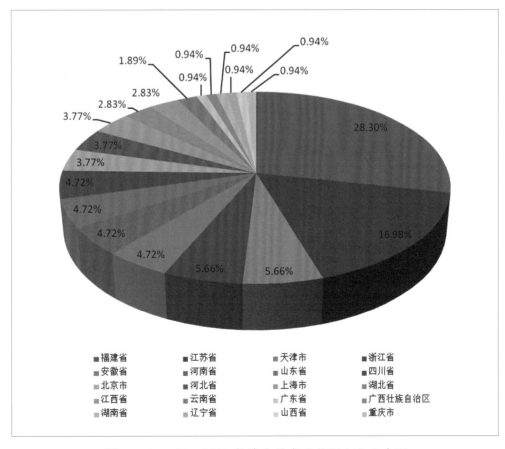

图 4 - 2 - 19　2013 年消火栓产品认证企业分布图

主要质量认证产品境外企业分布如下：

表 4 - 2 - 26　2013 年境外认证企业分布表

国家地区	生产厂数（家）	地区名称	生产厂数（家）
美国	3	爱尔兰	1
日本	2	德国	1
韩国	2	意大利	1
台湾省	1	英国	1
香港特别行政区	1		
合计		13	

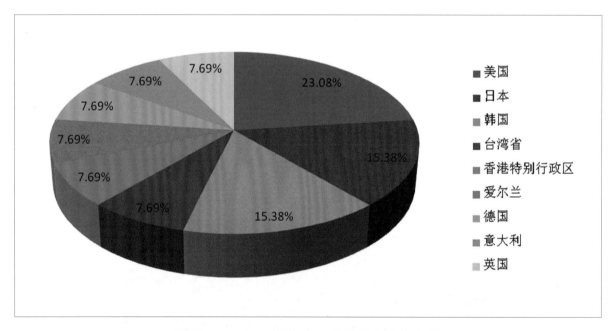

图 4 - 2 - 20　2013 年境外认证企业分布图

第三节　检验机构建设及工作情况

2013 年，公安部所属 15 家质检机构均顺利通过了国家认证认可监督管理委员会和中国合格评定认可委员会的监督及扩项评审，资质能力都有不同程度的扩大和提高。各个质检机构继续开拓创新，扩大检验业务范围，夯实实验室基础建设，不断提升技术水平和检测能力，各项工作全面迈上了新台阶。

一、国家消防电子产品质量监督检验中心

（一）机构资质

国家消防电子产品质量监督检验中心主要承担消防电子产品的强制性认证检验、型式检验、仲裁检验、委托检验、船用电子产品检验、进出口商品检验和科技成果鉴定检验等检验、公共场所阻燃制品及组件燃烧性能检验和防静电产品静电参数的测试检验、消防工程等检验工作。2013年，通过了国家认证认可监督管理委员会、中国合格评定国家认可委员会、辽宁省质量技术监督局及中国船级社大连分社的监督与评审。新增检验能力 13 项，包括防火门监控器、消防话音通信组网管理平台、消防软管卷盘、消防吸水胶管、消防水带、防火卷帘用卷门机、防火门闭门器等，目前，检测能力已达到 79 项。

2013 年，参加了"CNAS T0720"电气产品非金属材料的 50W 水平火焰试验的能力验证，参加了电气强度、爬电距离和电气间隙、接地电阻 3 项测量审核，验证结果均为满意。

（二）机构建设

国家消防电子产品质量监督检验中心 2013 年新增工作人员 19 人，现有职工总数 88 人，其中硕士以上学历 22 人（含博士 1 人），大学本科以上学历 49 人。目前实验室面积 13085 平方米，固定资产为 9297 万元；主要仪器设备 225 台（套），其中 2013 年新增仪器设备 28 台（套）。

2013 年，在检验设备与环境设施方面，除购置了全自动变频悬浮洗脱机、全自动压力开关测试仪、电磁流量计、LDW－10 型微机控制拉力试验机、消防水带试验机、闭门器试验机、饰面防火涂料测试仪（隧道法）、饰面防火涂料测试仪（小室法）、饰面防火涂料测试仪（大板法）、冲击耐压测试仪、运输颠簸试验台等检验设备外，还新购置了 50kg 冲击试验台、防尘试验箱等检验设备，新研制了成束电缆火焰垂直蔓延热释放和产烟特性试验装置，完成了感温火灾探测器性能测试试验室升级改造等工作，设备总投入 400 余万元，检验能力、设备及相关设施又有了进一步的提高。

（三）工作情况

1. 检验工作

2013 年，顺利完成了各项检验任务，出具检验报告 6000 余份。承担各级政府部门 3C 产品监督

抽查检验任务 28 批次。

2. 认证认可

2013 年,对国内外火灾报警产品、消防应急照明和疏散指示系统产品、可燃气体探测报警产品的 500 余家持证企业开展了年度监督工厂检查工作,同时对近 300 家企业进行了 3C 认证和型式认可的工厂首次、扩大、搬迁及复评审等类的工厂检查工作,并对全部检查文件进行了审核、上报,很好地完成了工厂检查任务。

3. 科研标准化

认真组织归口管理标准的制修订工作,积极开展学术和信息交流活动,积极参与火灾探测报警领域的国际化工作,积极开展专业领域标准发展动态和需求分析研究,为 3C 认证制度的实施提供技术支撑。

4. 安防检验站

2013 年的工作重点是配合省内各地区公安内保、公安文保及公安技防等部门的安全技术防范工程设计方案的论证、施工质量的检验等工作,年度内圆满地完成了第十二届全国运动会场馆安全防范系统工程、平安城市视频监控系统、公共建筑设施及金融文博重点单位安全技术防范工程的检验工作。全年共受理工程数量 348 个,对其中 330 个工程进行了工程验收前检验,按时效规定周期要求出具了检验报告。安防工程的质量检验工作受到了公安机关、相关施工企业及建设单位的肯定,取得了良好的社会效益,为公安部门安全技术防设施的有效管理与审批提供了依据。

(四)参与标准制修订情况和科研情况

1. 标准制修订情况

2013 年,完成了以下 3 项标准及修改单的送审稿编制工作,并通过审查会审查。

一是《火灾报警控制器》(GB 4717),为了适应市场的发展需要增加火灾报警控制器的相关功能,修订该产品标准,以保证产品的整体质量。此次修订增加了检查功能要求、控制器运行数据存储单元要求、同消防控制室图形显示装置通信功能要求、分布式直流恒压电源要求和防护要求,以保证产品的整体质量,满足市场发展的需要。

二是《消防电子产品环境试验方法及严酷等级》(GB 16838),结合目前国内外消防电子产品对于环境要求的特点,对消防电子产品环境试验方法及严酷等级进行了修订。此次修订增加了自由跌落试验、盐雾试验、长霉试验、沙尘试验、工频磁场抗扰度试验和谐间波及电网信号的低频抗扰度试验、沿电源线的电瞬态传导试验(车用消防电子产品附加试验)等试验项目;增加了对消防电子产品功能安全的要求,其中包括对消防电子产品的硬件、软件安全要求和保证消防电子产品整体安全生命周期能够有效运行和使用的支持性文件的要求。

三是《消防联动控制系统》(GB 16806 – 2006)修改单,该标准已于 2006 年 6 月正式实施,在实施过程中,标准编制组陆续收到一些产品制造商和产品使用单位的反馈意见。此标准修改单根据标准使用过程中的反馈意见,增加了有关充电功能和扬声器性能的要求和试验。

2. 科研及奖励情况

2013 年,荣获部级奖励 1 项,组织编撰出版书籍 1 部,组织进行以及完成公安部科研项目 2 项。

一是国家标准《消防应急照明和疏散指示系统》(GB 17945 – 2010)获公安部科学技术进

步奖三等奖。该项目在国际上首次提出了系统化的标准要求；提出了照明灯在有效疏散期间内，包括烟雾状态下，提供足够照度的光通量值；提出了标志灯在有效疏散期间内，包括烟雾状态下，提供足以引导疏散的表面亮度值；提出了系统的免人工维护功能。建立了试验火的发展曲线、烟浓度发展曲线、亮度变化曲线、照度变化曲线和逃生时间分布的一整套基础数据库，总结了在烟雾条件下产品亮度和照度的变化规律、不同安装高度照度的分布规律、不同试验火的发展期间从烟雾报警到人员无法疏散的时间分布。填补了国内外在该领域研究的空白。

二是组织编撰《消防电子产品现场检查手册》。根据消防监督现实工作的需要，针对消防电子产品的特点和检验工作的具体要求，组织编撰了《消防电子产品现场检查手册》。该手册为消防监督工作从业人员提供了有效、实用的检查方法，对消防电子产品现场检查工作的积极开展和消防电子产品的质量提高具有重要意义。

三是公安部应用创新项目《消防应急灯具性能现场检测装置》，针对消防应急灯具性能现场检查工作的实际需要，研制了检测装置。为消防应急灯具现场检查工作提供了有效、简单的测试手段，提高了现场检查工作的效率。

四是公安部应用创新项目《线型光束感烟火灾探测器性能检测技术研究》，项目根据线型光束感烟火灾探测器的产品特点，研制相关的检测设备并对检测技术进行研究。2013年完成了检测设备的硬件设计工作和部分软件的编写工作，2014年将继续完成后续的相关工作。

（五）承担的国家、公安部业务局、地方的产品质量监督抽查检测汇总情况

（1）根据公安部消防局要求，制定了2013年度在建建设工程消防应急灯具产品现场检查判定及监督抽样检验方案，完成了对江西省公安消防总队抽取的4个批次的消防应急灯具产品的监督抽查检验。其中，1个批次的消防应急照明灯具产品不合格。

（2）受吉林省质量技术监督局委托，为其制订了吉林省质监局2013年强制性认证产品火灾报警产品监督抽查检验实施方案和承担产品检验工作，同时派人到吉林指导抽样工作，共计受理了吉林省质量技术监督局抽取的14个批次产品的监督检验。

（3）受北京市公安消防总队轨道交通支队委托，完成了对其抽取的5批次火灾报警产品的监督抽查检验。

（4）受北京市公安局消防局委托，完成了对其抽取的5批次火灾报警产品的监督抽查检验。

（5）受乌兰察布市公安局消防支队委托，完成了对其抽取的1批次火灾报警产品的监督抽查检验。

（6）受鄂尔多斯市公安局消防支队委托，完成了对其抽取的1批次火灾报警产品的监督抽查检验。

二、国家固定灭火系统和耐火构件质量监督检验中心

（一）机构资质

国家固定灭火系统和耐火构件质量监督检验中心主要承担固定灭火系统及零部件、耐火构件及配件、防火阻燃材料和消防药剂等消防产品的各类检验工作。2013年通过了国家认证认可监督管理委员会、中国合格评定国家认可委员会的监督及扩项评审，新增62项消防产品的检测能力，目前，

检测能力已达到 200 项，基本涵盖除消防车外的大部分消防产品，在消防产品检验市场上具有很强的竞争力，已逐步发展成为亚洲最大的综合性消防产品检验试验室。

2013 年 7 月，参加了由 CNAS（中国合格评定国家认可委员会）组织的 NIL PT－0431－2"水中 pH 值的测定"能力验证计划，取得了满意的能力验证结果。

（二）机构建设

国家固定灭火系统和耐火构件质量监督检验中心目前职工总数为 131 人，硕士以上学历的 35 人；专业技术人员 107 人，占人员总数的 82%。实验室建筑面积 50000 多平方米，仪器设备 365 台（套），固定资产 28282.85 万元。

2013 年，根据日常检测及扩项工作需要，完成火花熄灭性能试验装置、电气绝缘性能测试装置、消防氧呼防护测试系统、呼吸器耐燃性检测系统、呼吸器抗机械碰撞试验装置、消防自救呼吸器一氧化碳防护检测装置、滤烟性能测试装置、消防面罩漏气测试装置、消防面罩吸入二氧化碳综合测试系统、消防呼吸器动态综合测试系统、消防氧呼综合测试系统、管道支吊架载荷试验台、烟气分析系统、现场数据采集系统、辐射热测量系统、锂离子电池燃烧性能试验装置、风速测量系统等设施的新建和升级，增加了 53 台（套）仪器设备，有效提升了实验室能力，为质检中心检验范围的拓展奠定了扎实基础。

进一步完善实验室管理体系，对现有管理体系文件进行了补充和部分修订，其中补充制定了《质量认证消防产品检验样品管理规定》、《消防产品认证检验样品的保存备查制度》、《例会制度》、《质检中心门禁管理规定》，修订了《质量认证消防产品盲检工作管理规定》、《危险品存放管理制度》以及新工作项目相关作业表格等。

（三）工作情况

2013 年，共受理各类检验合同 10000 余项。随着消防产品市场监督力度的加大，本年度共承担各类消防监督部门委托的监督检验共计 3366 项，为社会消防产品监督提供了有力的支撑。另外还承担了室外消火栓、水枪、接口、水泵接合器等产品的监督检验、防火门的分型检验及确认检验等任务。

组织完成对第三批消防产品强制性认证工作。第三批消防产品强制性认证共涉及 15 大类 59 种产品，已完成了认证产品目录确定、可行性论证、规则起草等，并已对外进行公示。目前正在起草各类产品的认证细则。

截至 2013 年 12 月底，完成 600 多家企业的认证申请受理工作。完成 2013 年度各类产品的发证检查及阻燃材料监督、水系统监督、消火栓监督、灭火剂监督、防火门监督等监督检查约 3000 人次。其中专职检查员 1800 人次，约占总量的 60%。

2013 年，共开展培训工作 19 大项，相继举办四次针对全国相关生产企业的会议，包括防火阻燃材料产品生产企业质量培训会、自愿性认证证后监督工作会议、《建筑外墙外保温系统的防火性能试验方法》标准宣贯会和防火门获证企业生产和质量管理培训会；内部开展针对化学安全和防护、救护知识培训、盲检制度培训、认证产品检验周期说明、样品管理培训、3C 产品等培训；全年累计进行特种设备等专业技能培训 9 人，新员工上岗培训 8 人，检验员上岗证培训考试 9 人，检查员相关培训 5 次，新标准加新扩项标准培训 32 次。

（四）参与标准制修订情况和科研情况

国家固定灭火系统和耐火构件质量监督检验中心在承担完成繁重检测任务及相关工作的同时，还承担了大量的科研工作，发表论文30篇，出版专著2部。本年度共承担各类科研项目21项，其中部级研究项目3项；承担（参与）国家及行业标准制修订项目21项；申请并已授权的专利13项，其中发明专利6项、实用新型专利7项。2013年，由质检中心承担完成的《气体灭火系统及部件》项目获公安部科技进步奖二等奖。

1. 标准制修订情况

2013年，共承担21项标准的制修订，包括国际标准2项：《泡沫灭火系统　第3部分：中倍数泡沫灭火设备》（ISO 7076－3）、《泡沫灭火系统　第4部分：高倍数泡沫灭火设备》（ISO 7076－4）；包括国家及行业标准19项：《注氮控氧防火系统及部件》、《气体灭火系统灭火剂充装规定》、《室内消火栓》、《轻便消防水龙》、《消防用气体惰化保护装置》、《气体灭火系统 预设计 流量计算方法及验证试验》、《七氟丙烷泡沫灭火系统》、《防火卷帘　第1部分：通用要求》、《建筑通风和排烟系统用防火阀门》、《二氧化碳灭火剂》、《泡沫灭火剂生物降解性试验方法》、《F类火灾灭火剂》、《干粉灭火剂》、《泡沫灭火剂》、《自动喷水灭火系统第9部分：早期抑制快速响应（ESFR）喷头》、《细水雾灭火装置》、《自动喷水灭火系统　第22部分：特殊应用型喷头》、《自动喷水灭火系统　第1部分：洒水喷头》、《火灾试验用燃烧物标准样品》等。

2. 科研项目情况

2013年，共承担科研项目21项，其中部级研究项目3项，具体为"探火管自动灭火装置工程应用技术的研究"、"客车火灾早期预警及自动灭火系统研究"、"机动车专用灭火装置技术规程"、"探火管灭火装置技术规程"、"国内外气体灭火系统标准规范现状及研究动态"、"国内外自动喷水灭火系统标准规范现状及研究动态"、"热气溶胶灭火装置灭火及联动控制性能的研究"、"供水流量压力变化对洒水喷头洒水分布性能影响的研究"、"热气溶胶灭火装置灭火及联动控制性能的研究"、"基于事故树方法的气体灭火系统喷嘴喷射特性试验失败原因的研究"、"细水雾灭火系统在喷涂车间的应用研究"、"客车发动机舱火灾模型的研究"、"建筑与船舶材料耐火试验标准比较研究"、"泡沫灭火剂凝固点测试方法研究"、"泡沫灭火剂兼容性研究"、"特定行业和场所燃烧物图像数据的研究"、"环保型发泡剂应用于聚氨酯保温材料燃烧性能影响的研究"、"典型场所火灾实验模型的研究"、"灭火试验用燃烧物标准信息动态研究"、"OpenFOAM在火灾数值模拟中的应用"、"可燃物必需洒水密度（RDD）测试方法的研究"。

3. 获奖及专利情况

《探火管自动灭火装置工程应用技术的研究》获得了一项《探火管灭火装置配用探火管的最大长度的获得方法》发明专利，

（五）承担的国家、公安部业务局、地方的产品质量监督抽查检测汇总情况

根据公安部消防局的工作部署及要求，开展木质隔热防火门和室内消火栓产品的2013年度消防产品质量监督抽查检验，共计9项；完成了各地方消防监督部门委托的各类产品监督检验3089项。

三、国家防火建筑材料质量监督检验中心

（一）机构资质

国家防火建筑材料质量监督检验中心主要承担防火建筑材料及涂料、耐火建筑构（配）件、阻燃及耐火电缆、消防器材等产品的检验。2013年，通过了国家认证认可监督管理委员会、中国合格评定国家认可委员会的监督及扩项评审，新增检测能力36项，包括灭火剂、消防给水设备、水喷淋灭火系统、避难逃生、外墙保温系统等，目前，检测能力已达到195项。

2013年，参加了"CNAS T0719"电线电缆产品——绝缘平均厚度的测量和绝缘高温压力试验的能力验证，验证结果满意。

（二）机构建设

国家防火建筑材料质量监督检验中心特别注重实验室建设、人才培养和质量管理体系运行的持续有效。确立了"科学检验、公正评价、优质服务、求实创新"的十六字质量方针。目前，国家防火建筑材料质量监督检验中心的组织机构为一科一部五室，即技术管理科、技术发展部、工厂检查室、办公室、防火建材检验室、耐火建筑构（配）件检验室、阻燃电缆及防火涂料检验室），目前职工总数77人，其中高级职称9人，中级职称27人。拥有实验室面积4万多平方米的试验场馆，仪器设备200多台（套），固定资产9000余万元。实验室面积较2012年度新增1000多平方米，设备新增50多台（套）。

（三）工作情况

国家防火建筑材料质量监督检验中心在公安部消防局等上级部门的指导下，在公安部四川消防研究所的领导下，通过全体人员的共同努力，辛勤工作，在高质量地完成了2013年度的各项工作的同时实现了继续保持检验质量事故为零的工作目标，并顺利通过了国家认监委、国家认可委的扩项评审。

1. 开展在建建筑工程消防产品监督检查和检验工作

为认真贯彻落实《关于开展消防产品质量专项整治工作的通知》（公通字［2013］251号）要求，推进消防产品质量专项整治工作深入开展，承办了公安部消防局科技处于2013年9月23日－24日在四川省都江堰市召开了2013年度消防产品质量监督抽查工作部署会，来自全国各消防总队防火监督部技术处处长和公安部消防产品合格评定中心及四个国家消防质检中心参加此次专项检查的消防产品认证检查员参加了会议。

按照部消防局科技处召开的2013年度消防产品质量监督抽查工作部署会精神，派出12位检查员奔赴北京、江苏、浙江、上海等16个省、直辖市，耗时一个半月圆满完成了对290个工程的监督检查任务。同时受理完成了辽宁、山东两省三工程在本次监督抽查现场检查不合格的3樘防火门产品的耐火性能检验。

国家防火建筑材料质量监督检验中心对本次部消防局组织开展的在建建筑工程防火门产品的监督抽查和检验工作极为重视，为确保本次监督抽查和检验工作的客观公正，派出的12位检查员在上岗前专门进行了培训，包括业务培训、廉洁自律教育等，并提出了工作要求，对整个监督检验工作实施了盲检工作制度，同时还派出了质量监督组跟踪本次监督检验的全过程，圆满完成了部局下达的开展专项监督抽查和检验的任务。

2. 盲检工作制度的进一步落实

按照公安部消防局等上级部门关于加强从业人员职业道德教育、廉政教育的要求，为保证承检产品检验结果的客观公正，国家防火建筑材料质量监督检验中心不断完善相关制度，对检验的各环节进行自查，确定风险点，并采取了相应的预防措施，狠抓落实一年多来，从业人员在责任意识、廉洁自律、法制观念、服务意识等方面得到进一步提高。

从 2012 年 7 月下旬开始对社会关注、媒体曝光的防火门类产品、阻燃材料类产品实施盲检制度。为切实掌握盲检工作的实际运行情况，不断完善各个环节的工作，2013 年采取不定期的抽查方式多次组织相关人员随机对部分盲检样品检验的全过程进行了跟踪监督，对相关环节和岗位落实盲检工作管理程序和盲检作业制度的情况进行了检查，整个盲检工作运行正常，未发现影响盲检工作公正性的问题。

3. 型式认可和 3C 强制认证工作

2013 年，在检验任务十分繁重的情况下，精心安排积极配合公安部消防产品合格评定中心，圆满完成了型式认可产品换证、发证及监督检查工作和 3C 强制性认证防火窗产品发证的工厂条件检查等工作。2013 年，共派出 30 余人，720 余人次完成了对 553 家企业型式认可工厂条件检查工作和 3C 强制性认证防火窗产品的工厂检查工作，上报审查资料 1156 多份。

2013 年，组织相关业务骨干完成了第三批 3C 强制性认证消防产品目录防火阻燃材料类 20 个产品的可行性分析报告及实施规则的编制工作，9 月在国家认监委组织的第三批 3C 强制性认证消防产品目录及规则论证会上已获得通过。该项工作的完成为明年第三批 3C 强制性认证消防产品目录的正式发布和认证规则的实施奠定了基础。

为规范防火阻燃材料产品、防火门产品获证企业的生产、销售，不断提高产品质量和保证产品的一致性，确保上述产品获证企业熟悉型式认可规则和相关规定要求，会同公安部消防产品合格评定中心于 2013 年 5 月 15 日－18 日分两批在四川省都江堰市召开了防火阻燃材料产品生产企业质量管理培训会，来自全国各地防火阻燃产品获证 170 余家企业 300 余人参加了培训。于 2013 年 11 月 14 日－21 日分四批在四川省都江堰市召开了防火门产品生产企业质量管理培训会，来自全国各地防火门获证 300 余家企业 900 余人参加了培训。上述质量管理培训会的召开对不断提高获证企业质量管理水平将发挥积极作用。

4. 对外服务

按"科学检验、公正评价、优质服务、求实创新"的质量方针要求，在做好检验工作的同时，采取多种措施积极做好对外服务工作，努力创造条件，为客户和消防监督部门提供方便和优质的服务。

鉴于目前检验业务的不断拓展，客户送检的产品种类较多，对人员业务能力要求越来越高，各部门结合本部门的具体情况采取相应措施，包括人员的业务学习、业务培训、建立每周的例会制度、检验业务的分类受理等，确保了对客户的服务质量。

为了规避检验业务受理风险，规范业务受理工作，增加了业务受理要求。全年为 1000 余个企业办理了提货和代办检验业务服务等；起草完成了部消防局 2013 年度对在建工程消防产品监督抽查防火阀、防火窗、防火门产品的监督抽查方案，并按时上报公安部消防局。

全年为 200 余家企业发放了 316 份阻燃标识证书，为 300 余家企业 397 份燃烧性能等级证书。

完成了对13家企业16个产品的质量跟踪。向公安部消防产品信息网及中国防火建材网上传检验报告5100余份报告。

5. 加强质量管理工作和制度的执行力度

按照2013年质量工作计划要求，在2013年度进行了两次内部质量审核。通过审核，发现并提出了质量体系运行中存在的一些不足，并认真进行了原因分析和整改，对可能出现的潜在不合格原因也进行了分析，提出了相应的预防措施。为确保质量管理和质量体系得到有效运行，质量监督组全年还随机对防火门、防火阀、排烟阀、防火玻璃、防火窗、灭火器和塑料等60余个送检样品实施了检验全过程的跟踪见证，未发现检验偏离标准的情况。

作为国家认监委指定强制性认证产品的实验室，为确保强制认证检验工作符合认证管理要求，按照国家认监委关于强制认证指定实验室管理办法，制定了《强制认证工作程序》，修订《样品管理程序》，并于2013年11月通过了评审，现已实施。

2013年，计划完成15个项目的能力验证及比对试验，目前均按照计划完成。为确保各项工作的正常开展和按时顺利完成，狠抓了制度执行的力度，提高了工作效率。

6. 标准宣贯和人员培训

一是标准宣贯，为确保新颁布的强制性国家标准《建筑材料及制品燃烧性能分级》（GB 8624 – 2012）的有效贯彻实施，切实保障进入市场的建筑材料及制品燃烧性能符合新颁布的标准规定要求，有利于监督部门对该类产品防火性能的质量监督和企业的规范生产。会同全国消防标准化技术委员会防火材料分技术委员会于2013年4月1日 – 2日在四川省都江堰市组织召开了强制性国家标准《建筑材料及制品燃烧性能分级》（GB 8624 – 2012）的宣贯会。来自全国15个省、直辖市、自治区消防监督部门的代表、公安部消防产品合格评定中心和部分相关行业协会的代表及生产企业的代表共210余人参加了会议。

二是人员培训，2013年继续把人员培训作为工作重点，各部门结合自身承担的业务工作按计划要求完成每半年对质量管理、程序文件、制度、检验标准、检验业务等方面的学习，并组织考核。为不断提高人员的综合业务素质，按照管理评审会议要求，成立了以技术负责人为考核组组长，各部门负责人为考核组成员的考核组，完成了对45岁及以下人员的业务面试考核。

2013年12月13日，全体注册检查员参加中国认证认可协会举办的2013年度注册认证检查员继续教育面授培训。

7. 建设情况

一是基础建设，为确保检验工作更好地服务于消防监督部门，更好地满足消防行业发展的需求和中心的长远发展，2013年继续加大对基础设施改造力度，会同所相关部门完成了对鱼嘴基地办公楼一楼改造，新建了洒水喷头性能等试验室，并投入使用。

二是检验设施建设，2013年投入资金400多万元，新建了建筑构配件垂直燃烧试验炉装置、自动喷水灭火系统、避难逃生产品、灭火剂产品等36套试验装置，并完成了对耐火综合试验炉装置、建筑构配件水平燃烧试验炉装置的升级改造。

（四）参与标准制修订情况和科研情况

1. 标准制修订情况

2013 年，共承担的标准制修订 5 项，分别为《钢结构防火涂料》、《电缆及光缆燃烧性能分级》、《饰面型防火涂料》、《屋面材料外部受火试验方法》和《防火刨花板》。

2. 科研情况

2013 年，共承担科研项目 12 项，其中国家项目 1 项，为"典型钢结构耐火性能及防火保护技术研究"；部级应用创新项目 1 项，为"可燃类建筑材料快速检测技术及装置"；所级项目 10 项，分别为"屋面材料对火反应试验装置"、"钢结构防火保护系统评估方法可行性验证"、"钢结构防火保护系统评估方法实施基础条件研究"、"电缆和光缆燃烧性能测试技术研究"、"阻燃及耐火电缆燃烧性能试验技术研究"、"线缆线路完整性测试技术研究"、"阻燃电缆的产烟特性及毒性危险分级研究"、"消防泵／泵组综合性能测试技术"、"建筑构（配）件耐火性能水平燃烧试验装置"、"电焊火花试验装置及使用方法"，所有项目正在按照计划进行。

（五）承担的国家、公安部业务局、地方的产品质量监督抽查检测汇总情况

为认真贯彻落实《关于开展消防产品质量专项整治工作的通知》（公通字〔2013〕251 号）要求，推进消防产品质量专项整治工作深入开展，承办了公安部消防局科技处于 2013 年 9 月 23 日 – 24 日在四川省都江堰市召开了 2013 年度消防产品质量监督抽查工作部署会。来自全国各消防总队防火监督部技术处处长和公安部消防产品合格评定中心及四个国家消防质检中心参加此次专项检查的消防产品认证检查员参加了会议。

按照部消防局科技处召开的 2013 年度消防产品质量监督抽查工作部署会精神，派出 12 位检查员奔赴北京、江苏、浙江、上海等 16 个省、直辖市，耗时一个半月圆满完成了对 290 个工程的监督检查任务。同时受理完成了辽宁、山东两省三工程在本次监督抽查现场检查不合格的 3 樘防火门产品的耐火性能检验。

2013 年，完成地方监督部门送检的 1141 个产品的质量监督抽查检验工作，合格 1080 个，不合格 61 个。

四、国家消防装备质量监督检验中心

（一）机构资质

国家消防装备质量监督检验中心成立于 1987 年，主要承担主要承担灭火器、消防车、消防船、消防飞机、防火阻燃材料、消防装备及器具等消防装备产品的检验工作，2013 年通过中国合格评定国家认可委员会的实验室复评及换证，共获得 20 大类 169 个产品（参数）检测能力，与 2012 年相比新增了 64 个产品（参数）检测能力。

2013 年，共参加了 2 次实验室间比对工作，包括材料氧指数和消防车最高车速、30km/h 制动性能的检验能力，结果满足要求。

（二）机构建设

国家消防装备质量监督检验中心现有工作人员 66 名，其中管理人员 30 名，检测人员 36 名；大学本科及以上学历占人员总数的 90%，具有中级及以上职称占人员总数的 75%。实验室建筑面积 1

万多平方米，仪器设备516台（套），其中2013年新增48台（套），固定资产4872万元。

2013年，完成消防水带扭曲试验室改建工程、消防破拆器具试验室改建工程、临时仓库防火改造工程、完成水力及侧翻试验室2台行车大修工作以及奉浦试验室行车大修工作、水力试验室污染空气排放工程等方面建设。

（三）工作情况

1. 承担3C认证管理工作

组织完成了第三批消防产品3C认证实施规则和实施细则文件的编制、审查及上报工作；组织完成了正压式消防空气呼吸器3C认证管理工作，共计完成15家企业的认证申请、文件审核及上报工作。共涉及53个规格、200余份资料审查，并组织完成了31次工厂条件检查，其中首次检查23次、扩大2次，检查核实6次；组织完成了消防车3C认证管理工作，共计完成25余家国内企业、64批次的工厂条件核查工作。完成了近10家企业16批次国外企业的工厂条件核查工作，完成了30余家企业认证资料的审核汇总上报工作；组织完成了消防水带、消防软管卷盘产品3C认证管理工作，共审查、处置认证文件近1000余批次。组织该两类产品的换版、首次、扩大检查近80批次，涉及规格300余个；组织完成了灭火器、栓枪扣自愿性认证的管理工作，共计完成了包括监督、扩大和首次的检查工作共计120余批次，涉及企业110家左右，审查相关文件500余份。此外，还组织完成了消防员灭火防护服逐批检验的资料审核、批检报告出具和批检实施的组织管理工作，共计完成14家企业、76批次的服装批检工作，共计批检套数为139724套。

2. 打牢自身基础、积极为监管部门和部队服务

2013年，积极完善质量管理体运行，打牢自身基础，组织完成的相关工作有：

组织完成了检验过程的质量监督工作；

组织完成了检验能力的实验室比对工作，共完成了材料氧指数和消防车最高车速、30km/h制动性能的检验能力比对，结果满足要求；

组织完成了内审、管理评审工作，完成了内审和管理评审报告；

组织完成了中心复评审和扩项评审申请资料的编写、汇总和上报工作；

组织完成了复评审、扩项评审工作的技术、管理文件及相关质量记录的编写、汇总和受控工作；组织完成了仪器设备的计量管理工作。

除此之外，承担了大量上级单位及其他兄弟单位交办的工作任务，主要有：

承担了公安部消防局组织的2013年度消防产品质量监督抽查检验，涉及113种消防产品，其中包括消防手套31种、消防安全腰带31种、轻型消防安全绳31种、手提式干粉灭火器3种、有衬里消防水带3种、消防软管卷盘2种、消防水枪6种、消防接口6种；

承担了上海市质量技术监督局组织的监督抽查，涉及手提式灭火器10种、洒水喷头4种、防火门32种；

承担了上海、海南、天津和内蒙古公安消防总队委托的灭火器、有衬里消防水带、消防接口、防火阀、消防头盔和消防软管卷盘监督抽查检验，共涉及产品49种；

承担了上海市青浦区质量技术监督局委托的手提式灭火器监督检验，涉及产品2种；

承担了上海市公安局宝山分局经犯罪侦查支队委托的手提式灭火器监督检验，涉及产品5种；

承担了完成了公安部消防局消防部队装备质量管理站（以下简称"质管站"）进行的部队新购消防员个人防护装备产品的委托检验，涉及产品21种。

3. 重视人才培训，提高人员素质

2013年，完成各类培训项目共计63项，包括产品标准培训，质量手册、程序文件相关规章制度及要求的学习；消防产品检验方法培训，同时针对新购设备等进行了上岗培训；更新原有在职员工技术档案86份，建立2份新员工技术档案，发放相关的上岗证；更新各类兼职检查员的经历档案43人次80余份；组织兼职QMS审核员、CCC检查员、自愿性认证检查员、CCCF检查员的年度确认资料上报36份，兼职CCCF各类检查员的资料上报86份。

4. 培训部队专业人才，为打造消防铁军提供技术支持

2013年，积极配合和参与公安部消防部队质管站的各项装备质量管理工作：

协助质管站完成江苏扬州、南通、无锡、盐城、常州，河南新乡、鹤壁、驻马店、信阳、周口，黑龙江大庆，新疆、宁夏等30余个地区的消防装备建设规划评估论证工作；

根据部消防局统一安排，协助质管站为消防部队2013年新任装备助理员培训班授课；

协助质管站多次派专家和技术人员深入上海、四川等地的基层消防部队为装备技师培训班授课讲学；

协助质管站，指派技术人员参与部消防局开展的装备技术服务下基层活动；

协助质管站为河北、海南、天津、新疆等地消防部队新购个人防护装备进行检验，受理申请近10次，检查验收个人防护装备30余件（套）；

应消防部队要求，协助质管站指派专家和技术人员赴江苏、武汉、上海、甘肃、湖南等地消防部队协助检查验收新购消防车共计30余辆；

按照部消防局统一部署，协助质管站组织技术专家队伍研发了一整套消防车辆水力性能测试装置。目前北京消防总队已通过公开招标配置此系统，大连消防车生产企业已签订购置合同，新疆等多地消防部队也已确定合作意向；

协助质管站完成4期《消防装备》杂志及12期《信息参考》的出版工作。

（四）参与标准制修订情况和科研情况

1. 标准制修订情况

2013年，积极参与制修订的国标、行标消防标准共计30项，其中已完成报批稿的有13项，完成送审稿的有6项，完成征求意见稿的有4项，目前正在组织调研的有7项。各项标准制修订的进度情况如下：

已完成报批稿的13项为：《灭火毯》、《手提式灭火器　第1部分：性能和结构要求》、《手提式灭火器　第2部分：手提式二氧化碳灭火器瓶体的要求》、《消防车专用底盘》、《推车式灭火器》、《消防车通用要求》、《举高消防车》、《抢险救援消防车》、《压缩空气泡沫消防车》、《水罐消防车》、《消防炮》、《自动跟踪定位射流灭火系统设计、安装规范》、《消防员照明灯具》。

完成送审稿的6项为：《细水雾灭火枪》、《救援三脚架》、《消防头盔》、《农村用消防车　第1部分：通用技术条件》、《长管空气呼吸器》、《消防员隔热防护服》。

完成征求意见稿的4项为：《消防堵漏器材　第1部分：通用技术条件》、《消防堵漏器材　第4部分：注入式堵漏器材》、《消防堵漏器材　第5部分：粘贴式堵漏器材》、《消防堵漏器材　第6部分：磁压式堵漏器材》。

目前正在组织调研的7项为：《救援起重气垫》、《消防用防坠落装备》、《消防用红外热像仪》、《消防用雷达生命探测仪》、《消防员防护辅助装备　阻燃毛衣》、《消防员防护辅助装备　护目镜》、《灭火器维修与报废规程》。

除上述国标、行标的制修订外，继续承担并主持全国消防标准化技术委员会第五、第十二分技委秘书处工作，完成了2013年度15项标准制修订项目的审查、报批工作。

2. 科研情况

2013年，共承担科研项目共计16项，其中包括省部级项目2项、局级项目3项、所级科研项目11项。

已经验收的有2项："消防装备电子类产品电磁兼容性能研究"、"水基型灭火器用灭火剂理化性能一致性评价体系研究"。

目前按计划正在进行的有13项："液压破拆工具用快速接头的统一化与标准化研究"、"手提式和推车式灭火器国家标准研究"、"消防部队通用消防车水力系统测量装置研究"、"40MPa正压式消防空气呼吸器产业化研究"、"举高消防车测试技术研究"、"消防堵漏器材堵漏性能试验方法和装置的研究"、"消防装备验收工具包研究"、"正压式消防氧气呼吸器检测技术与装置的研究"、"消防照明灯具连续照度试验方法及检测装置研究"、"灭火器喷射特征曲线与试验方法研究"、"水基型灭火器用灭火剂一致性评价的应用研究"、"移动式气溶胶灭火器发展的可行性评价"、"手提式灭火器用钢质焊接瓶体的要求标准制定预研究"。

除此之外，还参与完成了中国消防协会、中国汽车工程学会和上海消防研究所联合立项的"汽车火灾预防与对策研究"项目、"电动汽车消防安全技术规范体系研究"项目。

（五）承担的国家、公安部业务局、地方的产品质量监督抽查检测汇总情况

（1）承担公安部消防局组织的2013年度消防产品质量监督抽查检验，涉及113种消防产品，其中包括消防手套31种、消防安全腰带31种、轻型消防安全绳31种、手提式干粉灭火器3种、有衬里消防水带3种、消防软管卷盘2种、消防水枪6种、消防接口6种。

（2）承担上海市技术监督局组织的监督抽查，涉及手提式灭火器10种、洒水喷头4种、防火门32种。

（3）承担上海、海南、天津和内蒙古公安消防总队委托的灭火器、有衬里消防水带、消防接口、防火阀、消防头盔和消防软管卷盘监督抽查检验，共涉及产品49种。

（4）承担上海市青浦区质量技术监督局委托的手提式灭火器监督检验，涉及产品2种。

（5）承担上海市公安局宝山分局经犯罪侦查支队委托的手提式灭火器监督检验，涉及产品5种。

（6）承担完成了公安部消防局消防部队质管站委托中心进行的部队新购消防员个人防护装备产品的委托检验，涉及产品21种。

五、公安部安全与警用电子产品质量检测中心／国家安全防范报警系统产品质量监督检验中心（北京）／公安部特种警用装备质量监督检验中心

（一）机构资质

公安部安全与警用电子产品质量检测中心／国家安全防范报警系统产品质量监督检验中心（北京）／公安部特种警用装备质量监督检验中心是通过中国国家认证认可监督管理委员会授权、计量认证合格，中国合格评定国家认可委员会认可的多学科、多专业具有第三方公证地位的技术服务机构，是集检测、计量（检定／校准）、检查于一身的综合性国家级实验室。主要承担社会公共安全防范、信息安全、警用装备、警用服饰等领域内系统及产品的检验、检查工作，检验类别涵盖国家、行业质量监督抽查检验、仲裁检验、质量鉴定、司法鉴定、生产许可证检验、委托检验、型式检验、计量校准检定、信息安全检查、科技成果鉴定检验等。

2013年，通过了国家认证认可监督管理委员会、中国合格评定国家认可委员会的实验室认可、计量认证、检查机构的复评审及扩项评审的"三合一"评审，新增了居民身份证指纹采集器、银行自助服务亭、看守所床具、居民身份证指纹算法等42项检测能力。目前，实验室的检测能力为369项，计量校准能力为32项，检查能力为3项，资质能力涉及了安防电子、软件、道路交通、实体防护、警用装备、警用服饰、信息安全、工程等多个领域产品的检测。

2013年，通过了UL实验室的UL294、UL639目击测试数据程序（WTDP）的复评审。

2013年，参加了中国合格评定国家认可委员会、北京中实国金国际实验室能力验证研究有限公司、中国家用电器研究院组织的"CNAS T0648"、"CNAS T0663"、"CNAS M0047"、"CNAS T0680"、"NIL PT－0458"、"MA016－2013－420"的能力验证和测量审核，结果均为满意。另外，还与国家鞋类质量监督检测中心、国家纺织制品质量监督检验中心、通标标准技术服务有限公司进行了"纤维板屈挠指数、压缩弹性率、蓬松度、热防护性能、起毛起球"等项目的实验室比对，比对结果均为满意。

（二）机构建设情况

公安部安全与警用电子产品质量检测中心／国家安全防范报警系统产品质量监督检验中心（北京）／公安部特种警用装备质量监督检验中心始终坚持"科学、公正、准确"的质量方针，注重实验室能力建设。中心现有员工146人，其中博士10人、硕士42人、大学／大专70人，专业技术人员占职工总数的90%，具有高级技术职称占技术人员的31%。现有实验室面积为1万多平方米，分别设在北京市首都体育馆南路一号和北京市昌平区兴寿镇秦城村公安部第一研究所基地。固定资产1.2亿元，仪器设备1400台（套），其中2013年新增仪器设备128台（套）。

2013年，为满足工程检测业务需求，成立了安防工程检测部，主要承担文博场馆、银行保卫、政府机关、平安城市、智能住宅、办公大厦、校园及医院、道路监控、电力安全、监所管理、专业储备库等所有公共安全行业的工程检测。

申请的国家机动车测速仪型式评价实验室（公安）获得了国家质检总局的批复，目前，该实验室还在积极的筹建中，为下一步在全国范围内开展测速仪型式评价工作奠定了基础。

与公安部装备财务局论证中心共同申报的警用装备技术公安部重点实验室得到了公安部科技信息化局的批复，公安部安全与警用电子产品质量检测中心主要负责警用装备产品的质量监督检验与

合格评定。

结合公安行业物联网安全检测需求，向科技信息化局申请成立物联网安全保障质量监督检验中心。

为推进技侦产品的信息化建设，坚持科技引领、科技创新、科技强警的理念，满足技侦产品的检测要求，向科技信息化局申请成立公安部技侦产品检测中心。

为满足警用特种车辆的检测需求，正在筹建警用特种车辆检测实验室。

（三）工作情况

2013年，公安部安全与警用电子产品质量检测中心/国家安全防范报警系统产品质量监督检验中心（北京）/公安部特种警用装备质量监督检验中心以提高服务质量、技术水平和检测效率为宗旨，以公正、科学、准确为基本原则，立足服务实战，狠抓检测业务。实现内抓管理促效益，外抓服务树形象，各项工作逐渐进入科学化、规范化、制度化的发展轨道，呈现出又好又快发展的良好格局。

1. 全方位拓展检测业务，为各业务局及政府部门提供技术支持与服务

2013年，共承担各项检测任务12213项，较2012年增长了21.4%，涉及安防电子、道路交通、安防工程、实体防护、警用装备、警用服饰、软件及信息安全等领域。

一是受科技信息化局的委托，开展多项检测业务。

以"物联网一体化安全检测专业化服务"项目为支撑，开展物联网的产品检测、系统安全检测、系统安全检查业务。

进一步开展了视频接入平台、视频网关等产品的标准符合性测试及工程类联网标准符合性测试工作，并制定了相应的检验办法。

继续对山东、山西、江苏、河南、甘肃、吉林等省厅或地市级公安机关建设的PGIS系统进行测试。

作为部"金盾办"指定的部"金盾工程"二期项目第三方测试单位，积极为"金盾工程"二期项目把好质量关。

二是协助装备财务局完成了两批全国警服产品质量统检工作，包括服装外观质量现场检验和内在质量检验，并完成了《警服产品交收检验规范（试用稿）》的起草工作，得到了部局领导的肯定。

三是受监所管理局委托，承担拘留所管理信息系统的测试工作，并参与监所装备标准的起草工作、监所装备生产企业的定点生产资质审查工作、监管装备一线使用情况调研工作，为局里制定相关管理政策提供了必要的技术支持。

四是受国际合作局委托，完成部领导外事礼品检测任务44项。

五是为相关的政府招标办、采购办所提供的检验报告进行真伪查询；为一线公安机关扣押物品出具警用品鉴定证明；服务公安一线，为湖南、山西等交通道路卡口和呼出气体酒精探测仪等执法设备开展计量校准工作；完成北京道路交通安全车辆违法行为检测任务及成都电子警察二期工程检测；与民生银行总行、农业银行总行、邮政储蓄银行建立了长期合作协议，为其安保系统建设提供技术支持。

六是作为中国安防认证中心和中国质量认证中心的签约实验室，继续开展3C产品认证检测，完成强制性认证检测507项、自愿性认证检测35项。

七是继续与 UL 实验室合作，开展 UL294、UL639、UL1037 的目击测试，为国内安防企业搭建起更为完善的国际认证本地化服务平台。

2. 深入开展检测方法、技术研究，为产品检测和标准制修订奠定技术基础

2013 年，在完善防爆、防弹产品的评价手段、建立防爆安检产品评估体系、SVAC 及高清视频产品的评价方法和评测平台、激光测速、光学产品评价方法，北斗卫星导航系统公安建设与应用标准体系研究，物联网安全检测等前沿项目研究的基础上，继续鼓励专业技术人员结合业务工作开展申报国家科技计划支撑项目、"十二五"项目、国家发改委信息化领域创新能力建设专项、国家发改委信息安全专项、部级等科研项目，鼓励专业技术人员积极参与标准制修订工作，将科研成果转化为标准方法和试验手段，为拓展相关领域的产品检测奠定扎实的技术基础。

3. 积极开展交流与培训

坚持把加强学习交流与专业培训作为提高技术水平、解决技术难题、提高人员素质、增强业务能力的重要手段。

参加深圳安博会，重点展示中心在国内安防电子、软件评测、实体警械、信息安全、警用服饰、计量校准、系统工程、国外认证等专业检测领域的能力，同时，也为广大参展商和需求方提供了相关领域的现场咨询服务，真正实践了"贴近企业，服务全局，助推行业"的理念。

携手美国 UL 实验室与深圳市安全防范协会、亚马逊中国总公司共同举办主题为"如何建立更为快捷销售渠道，为企业提供一站式服务"的专题研讨会，及时将最新服务资讯和技术能力传递给业内企业，有利于渠道联合与捆绑，帮助和引导国内安防产业与国际化的接轨。

为进一步扩大检测业务，加快与国际接轨的步伐，积极开展 CE 认证检测调研工作，为下一步扩展实验室能力做准备。

交流中心正式成立，充分发挥展示与交流作用，提升行业影响力，截至目前已受理入展企业达 65 家，展位 96 个，入展公安装备 150 余件（套）。自开放以来，定期邀请和接待公安行业内部（部机关、各地厅局、交警大队、基层派出所、防暴大队等）、武警部队、各企事业单位参观指导共计 300 余人次。

协助装备财务局，分别在武汉和济南为各省厅、市局的被装干部普及纺织材料基础知识、解答日常工作常见问题和培训技术标准工作。

受科技信息化局的委托，成功举办了由全国各省、自治区、直辖市公安厅局干部参加的《看守所床具》、《看守所建设标准》标准宣贯培训，为规范看守所床具装备及基础设施建设，提高监所装备的研制、使用和管理水平提供了帮助。

2013 年，多位专家到中安协、深圳、新疆、北京等地方安防协会举办的各种培训班及学术交流会讲课，提高了中心在业内的知名度和检测权威地位。

（四）参与标准制修订情况和科研情况

1. 标准制修订情况

2013 年，作为牵头起草单位，申请批准立项的国家及行业标准 22 项，其中国家标准 5 项，分别为《社会治安重要场所视频图像采集技术要求》、《公安物联网示范工程软件平台与应用系统检测规范》、《公安物联网感知层传输安全性评测要求》、《防盗报警控制器通用技术要求》、《信

息安全技术 指纹识别系统技术要求》；行业标准17项，分别为《电子防盗锁》、《防尾随联动互锁安全门通用技术条件》、《安防监控摄像机防护罩通用技术要求》、《安全防范监控数字视音频编解码标准符合性测试》、《安全防范视频监控图像信息安全接入公安信息网测试规范》、《交通指挥棒通用技术要求》、《非线性节点探测器》、《能量测试参考PICC校准规范》、《单警执法视音频记录仪数据接口规范》、《单警执法视音频记录仪管理系统通用技术要求》、《警用服饰针织白手套》、《警用服饰皮手套》、《警用服饰绒手套》、《警用服饰太阳镜》、《视频安防监控系统矩阵切换设备通用技术要求》、《安防视频监控系统变速球型摄像机》、《公安部人事管理系列标准》。

2013年，批准发布的标准3项，分别为《安全防范视频监控摄像机通用技术要求》（GA/T 1127－2013）、《安全防范报警设备 环境适应性要求和试验方法》（GB/T 15211－2013）、《安全防范报警设备 电磁兼容抗扰度要求和试验方法》（GB/T 30148－2013）。

另外，根据2014年标准制修订计划，通过各标委会向公安部科技信息化局申报了30项标准的制修订。

2. 科研情况

2013年，承担科研项目10项，其中国家级项目3项，分别为"防爆安检技术评价体系与试验平台的研究"、"下一代互联网"信息系统等级保护安全设计技术要求"、"物联网一体化安全检测专业化服务项目"，部级项目1项，为"SVAC技术及高清视频产品评测系统的研究"；基科费项目6项，分别为"9mm制式弹头V50试验系统的研究"、"防弹头盔之防弹性能测试系统的研制"、"PGIS平台测试及评估系统技术研究"、"闪光能测试系统关键技术研究"、"基于激光技术的道路交通测速仪型式评价技术研究"、"居民身份证阅读机具综合检测系统研究"。

另外，参与科研项目9项，分别为"公安北斗卫星导航系统建设与应用发展战略研究"、"公安信息资源现状分析及公安信息资源目录体系预研究"、"监控视频可信应用技术研究"、"一体化人体信息采集设备技术规范编制项目"、"监控视频可新技术研究"、"宽带多媒体集群总体技术标准化研究及测试评估"、"新一代警用地址数据管理与服务系统 专题一：全国警用地址数据管理与服务系统技术体系研究及软件开发"、"SVAC系列设备研制与应用示范及评价体系建设"、"公安物联网建设与应用发展战略研究"。

3. 获奖情况

2013年，《十一五全国警用地理信息基础平台技术、标准体系及测试技术研究》获得所科技成果二等奖，《单警执法视音频记录仪》（GA/T 947－2011）标准研究项目获得所级科技进步三等奖、部级科技进步二等奖。

（五）承担的国家、公安部业务局、地方的产品质量监督抽查检测汇总情况

受公安部科技信息化局的委托，按照《2013年度单警执法视音频记录仪产品质量行业监督抽查方案》对56家企业生产的单警执法视音频记录仪进行了行业监督抽查工作。

配合公安部装备财务局被装处，对全国警服、警鞋、警帽及警用服饰等34个品种进行了两次共58个型号的质量统检工作，检验合格率为95.9%。

六、国家安全防范报警系统产品质量监督检验中心（上海）/公安部安全防范报警系统产品质量监督检验测试中心/公安部计算机信息系统安全产品质量监督检验中心/公安部信息安全产品检测中心/公安部信息安全等级保护评估中心

（一）机构资质

国家安全防范报警系统产品质量监督检验中心（上海）/公安部安全防范报警系统产品质量监督检验测试中心/公安部计算机信息系统安全产品质量监督检验中心/公安部信息安全产品检测中心/公安部信息安全等级保护评估中心是经公安部政治部批准，经过国家认证认可监督管理委员会计量认证合格的，通过国家实验室认可委员会认可的，具有第三方公证地位的检验机构，是一个面向社会的公益性非营利技术服务部门。主要承担国家和公安部委托的各类质量监督抽查检验任务，承接各类质量验证、鉴定检验、型式检验、强制性认证检验、信息安全产品销售许可证的发证检验、仲裁检验和委托检验，检验能力涵盖了视频监控、防盗报警、防爆安检、实体防护、信息网络安全、信息安全等级保护评估等领域。近年来，为不断扩大检测中心的业务领域，更好地发挥国家级检验机构的实力和水平，不断加强实验室建设，努力拓展业务资质能力，切实提高检测效率、技术水平和服务水平。

2013 年，为进一步拓展业务资质能力，提升了在检验市场的综合竞争力，通过与国家认监委、中国合格评定委员会及上海市质监局等相关主管部门的积极沟通与协商，于 10 月 23 日、10 月 25 日－27 日分别在北京、上海开展了为期四天的实验室、检查机构和资质认定的"三合一"复评审现场审核工作。此次"三合一"复评审新扩涉及 38 个标准的 28 项技术能力，变更涉及 8 个标准的 8 项能力，其中新扩项的两个 IC 卡安全国标《信息安全技术　智能卡嵌入式软件安全技术要求（EAL4 增强级）》（GB/T 20276－2006）和《信息安全技术 具有中央处理器的集成电路（IC）卡芯片安全技术要求（评估保证级 4 增强级）》（GB/T 22186－2008），为中心未来开展 IC 卡安全测评服务打下良好基础，也标志着中心的检验能力又迈上了一个新台阶，评审的良好结果也将进一步增强实验室的吸引力、凝聚力和竞争力。

2013 年 6 月 13 日，通过上海市质量技术监督局的上海市产品质量检验机构工作质量分类监管检查；7 月 4 日通过国家中心认监委专项监督检查；7 月 29 日－7 月 30 日通过国家认监委 CCC 指定实验室专项监督检查，均获得检查组专家们的一致认可与好评。

2013 年，参加了电磁兼容测试领域"射频场感应的传导骚扰抗扰度"的测量审核，参加了 CNAS T0722 软件功能性与易用性的测试能力验证和 CNAST0747 信息系统安全等级保护测评能力验证，获得了"满意"的结果，进一步提升了检测中心的安防类产品的检验能力。

（二）机构建设

国家安全防范报警系统产品质量监督检验中心（上海）/公安部安全防范报警系统产品质量监督检验测试中心/公安部计算机信息系统安全产品质量监督检验中心/公安部信息安全产品检测中心/公安部信息安全等级保护评估中心有试验和办公场地 7000 平方米，固定资产 10000 万元，主要仪器设备 1709 台（套），其中 2013 年中心新增设备约 321 台（套）。现有工作人员 188 名，其中博士 14 名，硕士 109 名，中、高级职称的人员比例为 52%。建有电磁兼容（EMC）、视频图像处理、音频信号处理、电性能、安全性、实体防护、锁具试验室、环境试验室、非传统防爆安检、实体防

护试验室、跌落试验室、阻燃试验室、网安专用产品试验室、信息安全产品试验室、信息系统安全评估等实验室。

申报国家工程实验室是技术工作的重点，在部网络安全保卫局和所党委指导下，统筹各部门力量，在申报材料准备和后续资料完善方面进行了多轮的努力，2013年主要完成了项目评审会的报告简本，协调共建单位调整并确定项目建设内容和考核指标，完成资金申请报告补充材料的编制，于9月底完成最终补充材料的递交，并于11月底成功获得国家发改委批复《国家发展改革委办公厅关于信息化领域国家工程实验室项目的复函》（发改办高技〔2013〕2685号）。

积极谋划筹建"国家信息安全产品及系统质量监督检验中心（上海）"，筹建工作获得公安部的推荐，正式向国家认监委递交筹建申请书，并积极做好相关的筹建工作，等待国家认监委的评审。

除了加快步伐建立芯片/IC卡专有实验室外，还在主楼二楼建立了数据中心机房以及独立的检测隔断环境，支持远程测评、无人化机房的测试场景。为面向下一代互联网高性能、安全攻击、工控安全系统、下一代互联网IPv6以及智能终端等新兴测评业务提供了独立测评环境，并能够针对性地配合科研项目和新兴测评业务的开展。

（三）工作情况

2013年，公安部计算机安全产品质量检测中心/公安部信息安全产品检测中心/公安部信息安全等级保护评估中心（北京）/国家安全防范报警系统产品质量监督检验中心（上海）按照"公安第一、国内领先、世界一流"的目标要求，全体员工遵循"苦干＋巧干"的工作思路，在完成日常检测业务的同时，不断开拓创新，拓展新的检验业务，探索新的检验方向，为公安一线提供技术支撑与服务，夯实实验室基础建设，不断提升技术水平和检测能力，各项工作全面迈上新台阶。

1. 牢记使命，多方位拓展检验业务范围

一是承担国家信息安全专项测评，2013年，根据国家发改委、公安部关于组织实施2012年国家信息安全专项测评工作的部署，作为测评实施牵头单位协助公安部组织专项测评，涉及云计算、工控、移动互联网等多个全新领域。

二是开展浦东教育招标测试，受上海市浦东新区教育信息中心的委托，完成了委托方指定的防火墙产品招标选型测试工作，共完成测试8家单位的24款产品。

三是开展非传统安防检测业务，积极主动地配合上海轨道交通做好X射线安检设备系统辐射安全的技术服务工作。微剂量X射线安全检查设备检验项目、炸药探测仪、毒品探测仪器、液体安全检查仪等的检测业务量与2012年相比，均获得大幅提升。同时，还新拓展了基于背散射技术的人体X射线安检设备、透视兼背散射技术的行李X射线安检设备、车载式X射线安检设备等X射线相关技术产品；考虑到物联网技术的大力发展，积极尝试拓展物联网相关产品的检测，承检了多链路综合智能传感无线传输设备等物联网系统产品。

四是积极开展联网系统工程或卡口项目检测，重点开展了松江、闵行、杨浦等多个区的平安城市建设联网系统工程或卡口项目检测。

五是拓展摄像机镜头检测，主动与上海市公安局技防办积极沟通，制定摄像机镜头的地方标准，统一规范测试方法。光学是检测中心开辟的新的检测领域，为了更好地有效开展沪公技防〔2013〕002号文件本市视频安防监控系统用摄像机镜头的检测工作，检测组开展大量调研，主动和具有

MTF（调制传递函数）检测设备的企业沟通，对测试数据进行反复比较、论证，确保检测的公正性、准确性和可靠性。

六是开展等级保护安全检查工具箱研发，完成公安部网络安全保卫局主持研制的等级保护安全检查工具箱的需求分析及概要设计，提炼 50 个检查项目和检查方法，编写内置工具库的功能和性能指标，提供接口规范和箱体规格等，现已完成设计、编程、测试，并开始进行产品的交付工作。

七是承担部金盾二期 27 个项目的第三方检测验收工作，根据项目实施完成情况和金盾办安排，完成了公安信访信息管理系统、吸毒人员动态管控系统、数据处理多层架构体系扩容、应用支撑平台完善［请求服务系统（二期）］、禁毒情报信息研判系统、多发性侵财案件管理系统、公安信息网搜索引擎及信息检索系统扩容和媒体资产管理系统等 8 个系统的现场检测；全国公安机关 DNA 数据库升级改造等 4 个项目正在进行前期的资料准备，跟踪项目完成情况，待条件成熟即进入现场检测。评估中心将以"金盾工程"二期项目验收为契机，推进公安等保工作的开展与落实，拓展安全服务部和积极防御实验室的业务范围。

八是着力拓展信息安全等级保护系统评估业务，不断加强等级保护系统测评推广力度，分别在交通、教育、航空、基金／保险／期货等小金融、证券等行业开展等保推进接洽工作。先后与银视通、国金证券、申银万国、上海海事局、中国商飞、中国商发、上海市财政局、中国银联、上海资信、崇明县卫生局和太平洋保险等单位签订了服务合同，合同额增长率在 260% 以上，近三年年均增长率均超过 200%。2013 年，中心在多行业多领域不断强化推广等级保护系统测评力度，行业知名度和美誉度进一步扩大，为持续发展增强了"软实力"。

2. 为各业务局和地方市局的有关工作提供技术支持

一是受公安部网络安全保卫局委托完成了 4 家公司 WZPT 的实验室检测任务，为 WZPT 在全国的顺利推广部署提供了技术支撑。为确保对全国 100 多个省级和地市 WZPT 现场测试的顺利开展，计算机中心还分别到宁波、东莞、南通进行了实地调研。通过调查研究，明确了现场测试的思路和方法，为以后的现场测试打下了坚实基础。

二是配合网络安全保卫局开展销售许可证日常监督工作。2013 年，共计查询了 399 家企业的产品销售信息，发现其中正常销售的有 111 家，"一证多销"、"无证销售"、"过期销售"的企业共 203 家，不能确定是否违规的、无法找到销售产品信息的企业共计 85 家。其中，"一证多销"、"无证销售"、"过期销售" 3 类企业占所查企业总数的 50.88%，所占比例基本与 2012 年的调查结果持平。

三是配合上海市公安局执行重要网站漏洞扫描任务。为保障全市重要网站的安全，发现其中隐含的漏洞，派遣技术骨干配合上海市公安局对全市的网站执行了扫描和渗透性测试，有力地保障了上海市重要信息系统的安全。

四是积极配合上海市公安局和上海市密码管理局等主管部门开展等级保护的宣传和培训工作，帮助重要系统运营单位了解等级保护的制度、介绍等级保护的相关标准以及测评需要的注意事项，树立中心在上海市等保测评机构中的权威地位。

五是配合中国安全技术防范中心，做好被动红外与微波双鉴入侵探测器新旧标准的转化工作，完成了检测细则的修订、检测报告及检测记录的编制等。承担了防盗报警产品的认证实施规则 2014 版的修订工作，该规则对认证产品风险等级划分、认证模式调整作出了新的规定。

六是协助认证中心完成国家认监委 CCC 认证产品调研报告，编制了《安全技术防范产品检测情况调查表》和《安全技术防范产品分类调查表》，对已有的 10 大类产品进行细分，统计各类产品近三年出具的报告数，并按产品认证、生产登记、型式检验、企业委托不同的检测形式进行划分，汇总了 2010 年、2011 年、2012 年的检测情况统计柱状图。

七是根据公安部网络安全保卫局领导指示，配合收集国家有关部委相关信息安全管理的文件和标准规范，将主流的信息安全管理国际标准和国家相关标准与等级保护基本管理要求相对照，研究安全保障的管理要求，形成《信息安全等级保护安全管理标准融合与应用研究报告》，该项工作得到网络安全保卫局的书面表扬和感谢。

八是配合部网络安全保卫局成功举办两次大型全国等保会议，得到了公安部网络安全保卫局的大力支持，受到了社会各界的广泛关注和信息安全领域的积极响应和参与，中央国家机关有关部门、部分中央企业、公安网安部门负责信息安全等级保护工作的同志、部分高等院校和研究机构的专家学者、部分信息安全企业和等级测评机构有关同志，以及本届大会征集的优秀论文的作者共计 350 余人参加了会议。大会共征集论文稿件 470 余篇，内容几乎涵盖了信息安全技术的各个领域，对促进信息安全等级保护技术的发展和应用具有十分重大的意义。

3. 深化实验室管理，改善服务质量和水平

根据政治处要求，为进一步规范考核管理，形成有效激励与奖惩机制，部门细化绩效考核管理规定，根据各岗位性质制定《季度考核记录表》与《季度考核汇总表》，编写了《2013 年检测中心绩效考核细则及专项指标实施计划》以及落实到责任人、具体措施的《2013 年工作计划》。

根据客户投诉意见，为规范客户意见的反馈渠道，在接待大厅公布了监督电话，设立了意见箱，制作了意见表专用信封和发放征求意见表。

从 2013 年下半年开始，结合体系运行的适宜性和可操作性，在实验室改进方面采取了多项改进措施，如管理部与第一检验部一起对视频产品检验报告进行规范，开发了"检测报告模板生成器软件"并已实施。有效减轻了重复劳动并保持实验室持续改进。目前已完成 12 个安防视频监控类产品的报告自动生成工作，计划用 2 年 – 3 年的时间陆续完成这项任务。

为了配合全国信息系统等级保护的建设和整改工作，加强等级保护工作相关政策的宣传，密切信息安全等级保政策与信息安全产品管理工作之间的联系，2013 年 9 月 26 日在上海主办了"第六期信息安全专用产品标准培训会"，全国共有 36 家信息安全企业的 60 余名代表到会参加。这次培训会为厂家理解信息系统信息安全等级保护政策提供了很好的学习交流平台；为厂家开发、生产和送检相关高等级产品提供了帮助，同时也有助于检测中心与厂家之间的沟通和互相信任。

（四）参与标准制修订和科研情况

1. 标准制修订情况

2013 年，批准立项的国际标准 4 项，分别为 Part 1 – 1：Analog building Security Intercom Systems，Part 1 – 2：Digital building Security Intercom Systems，Part 2：Advanced building Security Intercom Systems，Part 3：Application guidelines；国家标准 2 项，分别为《楼宇对讲系统通用技术条件》、《入侵报警系统告警装置》；行业标准 16 项，分别为《公安信息系统安全等级保护定级指南》、《信息安全技术　网站监控产品技术要求》、《信息安全技术　电子身份卡产

品安全技术要求》、《信息安全技术　电子身份卡接入终端固件安全技术要求》、《信息安全技术　双接口鉴别卡安全技术要求》、《信息安全技术　智能卡开放平台安全技术要求》、《信息安全技术　信息系统安全产品命名方法》、《信息安全技术　互联网公共无线上网服务场所信息安全管理系统安全技术要求和测试评价方法》、《信息安全技术　工业控制安全管理平台安全技术要求》、《信息安全技术　打印安全监控与审计产品安全技术要求》、《信息安全技术　基于云计算的智能 NIPS 技术要求》、《信息安全技术　工业控制安全隔离与信息交换系统安全技术要求》、《信息安全技术　云计算安全等级保护基本要求和评测指南》、《信息安全技术　工业控制系统审计产品安全技术要求》、《信息安全技术　工业控制系统防火墙安全技术要求》、《信息安全技术　第二代防火墙安全技术要求》。

2.科研情况

2013 年，成功申报国家级项目 3 项，分别为"面向云计算、移动互联网和物联网的安全测试与评估服务体系建设"、"光纤分布式振动测试仪在周界安防技术中的应用"、"信息安全等级保护关键技术国家工程实验室"；省部级项目 7 项，分别为"信息安全关键产品检测技术标准研究"、"信息安全产品检测服务平台项目"、"基于视频大数据智能分析的超大规模人脸识别和大型场馆监控系统"、"面向工业控制系统信息安全保障的测评体系建设"、"智能视频监控核心技术评价系统及方法"、"移动智能终端应用软件安全性测评工具"、"等保检查工具箱知识库及自动分析模块研究及实现"；所级项目 6 项，分别为"基于大规模多任务并行的信令检测辅助软件工具的研发"、"适用于重要信息系统的产品安全性验证平台"、"工业控制系统关键信息安全产品"、"智能卡安全测评技术研究及测试平台"、"等保检查工具箱知识库及自动分析模块研究及实现"、"重要信息系统测评数据挖掘"。

（五）承担的国家、公安部业务局、地方的产品质量监督抽查检测汇总情况

2013 年，受上海市质量技术监督局的委托，进行了防盗安全门、防盗保险柜（箱）及汽车防盗报警系统产品的质量监督抽查工作。本次共抽查了 20 个防盗安全门生产和经销企业的 20 组防盗安全门样品，合格率为 100%；共抽查了 15 个生产和经销企业的 15 组防盗保险柜（箱）样品，合格率为 93.3%；共抽查了 10 个生产和经销企业的 10 组汽车防盗报警系统样品，合格率为 100%。另外，受上海市质量技术监督局的委托，承担了由上海市生产、流通领域内获得 CCC 认证在有效状态的室内用被动红外探测器（含有线、无线产品）产品的抽样及检测，抽查产品 17 批次，检测合格率为 94.1%。

七、公安部刑事技术产品质量监督检验中心 / 公安部防伪技术产品质量监督检验中心

（一）机构资质

公安部刑事技术产品质量监督检验中心 / 公安部防伪技术产品质量监督检验中心是具有第三方公正地位的检验机构，主要承担刑事技术产品、防伪产品的检验工作。2013 年，通过了国家认证认可监督管理委员会的复评审，实验室的检测能力为 15 项。2013 年，参加了宝石定性检验的能力验证项目，验证结果为满意。

（二）机构建设

公安部刑事技术产品质量监督检验中心 / 公安部防伪技术产品质量监督检验中心拥有雄厚的技术实力和先进的检验设备，是具有独立业务的科研、检验机构。组织机构健全，建立有完善的质量保证体系和严密的规章制度，以公安部物证鉴定中心具有的物证鉴定的雄厚实力及各种性能良好的大、中型分析仪器为依托，开展刑事和防伪产品的检测。实验室职工总数为 19 人，其中硕士以上学历 12 人，专业技术人员 19 人，占人员总数的 100%，拥有仪器设备 100 余台（套），2013 年增加了电磁振动台、色彩照度计、交直流绝缘测试仪及激光功率计等设备，固定资产 200 余万元。

（三）工作情况

2013 年，公安部刑事技术产品质量监督检验中心 / 公安部防伪技术产品质量监督检验中心在公安部多个业务局的积极支持下，在全体同志的共同努力下，各项工作顺利开展。

1. 队伍建设取得新进步

派出一人参加公安部科技信息化局举办的"全国公安机关视频监控技术培训班"；派出两名人员参加中国质量认证中心（CQC）举办的"强制性产品认证工厂检察员培训（通用知识）"，并通过考试，取得工厂检查员证书。

完成了 2014 年公务员报考资格审核工作，与中国人民公安大学刑事科学技术学院协商，建立研究生定向实习点，实现劳务人员储备。

2. 实验室建设取得新进展

一是加强质量控制，一方面按照《中华人民共和国产品质量法》、《实验室和检查机构资质认定管理办法》等相关法律、法规及规章的要求，坚持规范化、程序化和装备适应性的理念，从本单位的实际出发，全体人员在工作中努力按照质量手册、程序文件的要求，在检验工作中自觉学习相关标准、质量检验作业指导书和《检验细则》，努力提高检验工作的规范化水平；另一方面在实际工作中不断完善实验室管理条例和规章制度，按照国家认证认可监督管理委员会的要求提出了资质认定复评审申请，并于 11 月进行了现场评审，取得了两项资质认定证书。

二是实验室建设，完成了实验室装修工作及大型仪器设备的搬迁、维修、调校，新购置几台仪器如电磁振动台、色彩照度计、交直流绝缘测试仪及激光功率计等。

三是资源整合，由于近年来刑事技术产品发展迅速，各类技术设备层出不穷，对检测中心的设备和人员不断提出挑战，针对质检工作中的新需求，一方面为进一步提高检测中心的综合能力，有效集成和利用现有的技术资源，加强内部相关实验室的合作，依托专业实验室增设 6 个产品检测实验室：依托毒物检验技术处、微量物证检验技术处设立产品质量理化检测实验室；依托毒品检验技术处设立毒品检验产品质量检测实验室；依托痕迹检验技术处、指纹检验技术处、涉枪案件侦查技术处、涉爆案件侦查技术处设立痕迹检验产品质量检测实验室；依托视频侦查技术处设立视频检验产品质量检测实验室；依托电子物证检验技术处设立电子物证检验产品质量检测实验室；依托经济犯罪侦查技术处设立防伪产品质量检测实验室。

四是注重学习和交流，与部刑事侦查局、科技信息化局、治安管理局、装备财务局、技术侦察局、禁毒局、安防认证中心、防伪技术协会及公安部第一研究所、公安部第三研究所质检中心进行了多次交流，通过学习和交流，在质量管理需求、检测领域拓展、检测机构运行等方面得到了许多有益的启示和经验。

3.创新社会管理服务

2013年，质检中心延续2012年社会管理服务创新的理念，一方面为企业产品检验提供快捷、规范的服务，改变了单纯等候服务的方式，开展了现场检验服务，共派出5次11人次进行现场检验。这种服务尤其适用于大、中型产品的检测，不仅拓展了检验范围，而且减轻了企业负担，赢得了企业的好评；另一方面为基层公安机关招标采购提供检测服务及供货产品抽检服务，更好地为公安实战服务，提高了检测中心的影响力，扩大了检验范围，发挥了更大的社会效益。

4.其他工作

参加了国家发改委召开的"全国收费重点年审工作电视电话会议"。根据发改价证审〔2013〕49号《国家发展改革委价格认证中心关于开展2012年度收费重点年审工作的通知》，公安部防伪产品质量监督检验中心被列入《今年对2012年度收费工作进行重点年审的单位名单》。参加国家发改委价格认证中心2012年收费重点年审工作组现场收费审查工作。

共12人次参加了公安部刑事侦查局刑事犯罪情报信息工作处召开的3次"指纹自动识别系统现场评测方案讨论会"，并积极提供意见与建议，为此项工作的推进作出了自己应有的贡献。

（四）参与标准制修订和科研情况

1.标准制修订情况

作为刑事技术产品分技术委员会秘书处，根据产品标准体系组织了标准的申报，4个行业标准获批准立项。

2.科研情况

2013年，完成科研项目"活体指掌纹采集仪检验方法的研究"1项，该项目为中央级公益性科研院所基本科研业务费专项资金计划项目，现已完成验收，顺利结题。

（五）承担的国家、公安部业务局、地方的产品质量监督抽查检测汇总情况

受公安部科技信息化局和刑事侦查局的委托，按照抽查实施方案的规定，依据《痕迹勘查箱通用配置要求》（GA/T 853 - 2009），对6家企业生产的共14种型号痕迹勘查箱产品质量进行了第一次行业监督抽查。

八、公安部交通安全产品质量监督检测中心／国家道路交通安全产品质量监督检验中心

（一）机构资质

公安部交通安全产品质量监督检测中心／国家道路交通安全产品质量监督检验中心是国家质检总局和公安部指定的唯一承担道路交通安全产品质量行业监督抽查任务的检测机构；是国家质检总局公布的第一批获准承担缺陷汽车产品委托检测与实验的机构，主要承担汽车制动性能及汽车灯光类产品的检测任务；是中国安全技术防范认证中心的签约检测机构，承担汽车行驶记录仪、车身反光标识等产品的强制性认证检测和道路交通信号灯、机动车测速仪、呼出气体酒精含量检测仪等产品的自愿性认证检测；是中国质量认证中心的签约检测机构，承担汽车、摩托车等产品的强制性认证检测。2013年，通过了国家认证认可监督管理委员会、中国合格评定国家认可委员会的实验室及

检查机构的监督及扩项评审，检测机构认可项目由111项增至124项，检查机构认可项目由3项增扩至11项，新增检测能力27项，目前，实验室的检测能力为108项。

2013年，实验室先后参加了由CNAS组织的"机动车回复反射器发光强度系数测定"、"软件功能性和易用性测试"和"塑料拉伸性能的测定"等3个产品参数的能力验证活动，其中"机动车回复反射器发光强度系数测定"、"软件功能性和易用性测试"产品项目取得满意结果；"塑料拉伸性能的测定"产品项目能力验证结果尚在评议之中。此外，自主参加了国家认监委指定能力验证提供者广州凯威检测技术有限公司组织的电器产品"电气强度"项目测量审核测试，取得满意结果。

（二）机构建设

公安部交通安全产品质量监督检测中心／国家道路交通安全产品质量监督检验中心严格按照国家产品质量法律、法规的规定和实验室管理的相关要求，以服务道路交通安全和管理以及做精、做强交通安全产品检测为理念，不断完善相关制度，以加强队伍管理和规范检测业务；不断加强实验室建设，提升产品检测和质量监督能力。实验室设有业务管理部、检测研究部、计量＆检测技术发展部和质量监督部。现有职工总数38人，其中，高级职称9人，硕士以上学历10人，专业技术人员占人员总数的96%；实验室面积4500多平方米，先进测试仪器220多台（套），其中，2013年新增17台（套），固定资产5000多万元。

2013年，新建成交通管理软件检测实验室，并投入运行。完成考试系统软件检测任务90余项。软件检测实验室建成公安视频联网、车检线联网、稽查布控联网等3个测试平台。

（三）工作情况

2013年，公安部交通安全产品质量监督检测中心／国家道路交通安全产品质量监督检验中心紧紧围绕科研所工作重点，积极重点对口支持服务部局车驾管业务，扎实开展标准化研究和课题研究，不断强化实验室建设和内部管理，各项工作取得了预期成效。一年来，先后完成服务部交通管理局交办的车辆和驾驶人管理、设施管理、事故预防等重点工作项目16项；为全国80余个公安基层交管部门提供质量检测、技术鉴定和咨询服务300余项；更新检测仪器设备17套，建成交通管理软件检测实验室，拓展软件检测项目等30余项；完成科研及标准制修订项目12项，完成专题研究和质量分析报告8份；制修订实验室管理制度28项；累计完成667家企业2460多项产品检测任务。

1.服务车辆、驾驶人管理和事故预防工作

一是围绕车管重点工作，组织开展针对"机动车油改气"、"微型面包车"、"汽车列车制动协调性"、"正三轮摩托车方向盘偏置"、"科目一考试作弊现状及对策分析"等项目专题研究并提出对策建议。二是配合公安部令第123号《机动车驾驶证申领和使用规定》及相关标准实施，组织开展驾驶人考试系统专题调研、技术研讨，梳理并形成《关于对机动车驾驶人考试中有关中途停车评判情况的报告》等专题分析报告。三是参与公安部交通管理局组织的针对上海、江西、河南等地大型货车安全管理情况暗访检查，梳理大型货车运行、改装、销售等环节存在的问题并完成专题调研报告。四是参加公安部交通管理局组织的天津、云南、安徽、湖北、重庆等地暗访检查工作，完成检查报告9份。五是组织开展机动车安检技术、国内外车辆轴荷限值、车辆运输半挂车等专题技术研讨，推进《机动车安全技术检验项目和方法》（GB 21861－2008）、《机动车查验工作规程》（GA 801－2013）、《货运车辆运行安全技术条件》等标准制修订工作。

2. 服务道路交通安全设施科学管理工作

一是针对闯红灯自动记录系统、测速取证系统在标准化建设、使用管理等层面存在的问题，组织开展专题调研和技术研讨，完成并上报《关于梳理机动车测速取证设备标准及使用管理情况的报告》专题研究报告。二是调研信号灯、信号机等重点交通信号设施产品标准、质量检测和应用情况，结合全国信号设施排查工作，完成并上报《道路交通信号设施质量分析报告》专题质量分析报告。三是组织开展道路交通安全产品管理办法专题研究，完成《关于加强道路交通安全产品质量监管的报告》专项调研报告。四是结合交通管理重点工作，配合科研所其他部门组织抢黄灯系统技术研讨和现场测试工作，对黄灯状态下机动车的制动时间、制动距离等情况进行重点研究分析并形成专题研究报告。

3. 服务基层公安交管部门工作

一是配合公安部令第 123 号及相关标准实施，成立机动车驾驶人考试系统标准解读小组，为各地车驾管部门提供咨询服务 50 余次。二是组织开展上海，江苏无锡、宜兴、盐城、扬中，安徽合肥等地公安执法装备现场验收测试工作，完成 500 余套公路车辆智能监测记录系统、闯红灯自动记录系统、区间测速等现场测试工作。三是组织对北京、河北、山东、山西、陕西、福建、安徽、江苏、广西等地 60 余套驾驶人考试系统开展现场测试，推进部令、标准实施工作。四是建立机动车驾驶人考试系统检测合格信息公告制度，先后发布 9 期通告，为各地推进验收工作、选用合格产品提供技术支持。五是免费为全国 30 个省区市的各级车管部门提供在用机动车号牌专用固封装置的质量监督检测服务。六是联合五部开展法定证件鉴定检测工作，为江苏、浙江、四川、陕西、辽宁、福建、河北、上海等地 23 家基层交警部门提供技术服务。七是向全国各地交警总队寄送 2012 年度交通安全产品检验合格信息和检测中心宣传册，为各地合格产品选用和设施设备管理提供技术支持。

4. 开展交通安全产品质量监督检测工作

一是完成国家质检总局、中国安全防范认证中心安排的 3C 认证项目 156 项，重点围绕汽车行驶记录仪、车身反光标识产品质量监管，提高强制性认证产品质量。二是组织开展 2013 年度机动车号牌统检，完成 120 家号牌生产企业 680 个型号批次的机动车号牌检验，以及 70 个型号机动车号牌专用反光膜的批量产品一致性检验。三是组织完成重点交通安全产品检测工作 2170 项，其中执法装备类 355 项、交通技术监控类 642 项、交通管理设施类 427 项、警用装备类 8 项、车辆安全类 162 项、机动车牌证类 344 项。四是积极拓展软件检测、现场测试、批量检验等质量监督检验新模式。累计完成机动车驾驶人考试软件测试 97 项，完成闯红灯自动记录系统等现场测试 135 项。

5. 加强实验室建设工作

按照建设"一流国家级检测中心"的要求，积极推进实验室建设工作。一是围绕实验室监督扩项评审相关要求，完善硬件基础建设，先后完成闯红灯模拟装置、立体亮度分析系统、红外酒检仪、呼气模拟器等检测仪器设备采购工作，补强实验室设备系统。二是积极组织国家质检中心、公安部质检中心及检查机构资质认定、实验室认可、计量认证"三合一"现场监督扩项评审活动，30 多项检测、检查项目顺利通过中国合格评定国家认可委员会派遣专家的现场检查，中心认可的检测、检查项目达到 135 项。三是结合软件检测需求，在软件人员取得资格、建立体系文件、构建软件测试环境等基础上，完成软件检测实验室建设，构建了机动车驾驶人考试系统软件、视频监控系统联网协议、安检机构车检软件检测平台。四是加强员工技能培训，先后邀请中国信息产业信息安全测评中心、无锡市计量中心、中国计量科学研究院专家，分别就软件测评检测方法、流程和公安计量器具校准实验室建设等进行现场指导；派员赴中国航天咨询中心软件测评实验室实习调研软件测试工作，进一步提升和规范车驾管软件检测技术和方法；组织开展注册计量师和3C认证检查组组长外部培训工作，提升员工技术资质和业务能力，为筹建计量/校准实验室提供人员保障；积极组织参加中国合格评定国家认可委员会（CNAS）组织的软件检测能力验证活动，提升软件检测和测评能力。五是完成《汽车轮胎气压监测系统》、《汽车安全驾驶教育模拟装置》、《机动车安全技术检验业务信息系统》、《公路防撞桶》、《公安交通管理移动执法警务终端》、《中小学生交通安全反光校服》等30余检测实施细则、模拟检测报告编制和《质量手册》、《程序文件》等相关内容的修订工作。

6. 强力推进完善内部管理工作

按照进一步规范、细化管理的总体要求，强力推进完善实验室内部管理工作。一是以科研所开展"作风建设提升年"和"党的群众路线实践教育活动"为契机，进一步加强廉政制度建设，先后修改完善《检测业务受理管理规定》、《合同评审管理规定》等28项制度。二是建立与客户交流、出差人员约谈机制，新制定《送检客户告知书》、《廉洁自律承诺》、《与送检客户交流管理规定》、《出差人员廉政谈话规定》等文件，并对检测中心实验室网络监控系统进行全面升级改造，营造公正、廉洁的检测氛围。三是强化实验室内部管理工作。针对实验室内审工作发现问题，组织实施合同评审、分包实验室管理和规范检测记录等方面的整改纠正，进一步规范管理体系运行。四是加强内部定期交流学习，进一步强化素质教育。先后组织学习《缺陷汽车产品召回管理条例》、《机动车强制报废标准规定》、《机动车查验工作规程》、《道路交通信息显示设备设置规范》、《校车标识》、《校车标志灯》等多项政策、法规和相关标准。

（四）参与标准制修订和科研情况

1. 标准制修订情况

2013年，按照进一步提升"服务车辆和驾驶人管理、服务交通安全设施管理工作"的总体目标，积极组织各项科研及标准制修订工作。完成《汽车车窗玻璃遮阳膜》、《机动车号牌用烫印膜》2项标准的发布，正在制修订的标准6项，分别为《机动车安全技术检验项目和方法》、《机动车查验工作规程》、《货运车辆安全技术条件》、《车用电子警报器》、《道路交通信号倒计时显示器》、《道路交通监控设备补光照明灯具通用技术条件》。

2. 科研情况

针对质量监管和使用环节的突出问题，开展"公安交通管理执法计量器具检定体系"、"驾驶人考试系统质量监督检测情况"、"信号设施质量"、"机动车测速取证设备标准及使用管理"等项目研究工作，探讨加强道路交通安全产品质量监管的措施手段并形成专题研究报告。参与国家科技行动计划二期课题三"高速公路空地一体化交通行为监测与信息化执法技术及装备研发"项目可行性报告的编写工作。成功申请公安部科技专项课题"机动车查验方法及关键装备技术研究"和公安部软科学课题"公安交通执法计量器具检定体系研究"。

（五）承担的国家、公安部业务局、地方的产品质量监督抽查检测汇总情况

2013年，经公安部科技信息化局批准，承担"道路交通信号灯"产品公共安全行业监督抽查任务。分别对上海、江苏、四川、重庆、河南、福建、湖北、浙江、广东等省市开展信号灯样品的抽样封样工作，完成29家企业29个型号规格信号灯产品的现场抽样、封样工作。

第四节　认证机构建设及工作情况

2013年，中国安全技术防范认证中心和公安部消防合格评定中心按照国家认证认可工作总体部署和公安部统一要求，夯实合格评定工作基础，创新业务工作机制，在提高社会公共安全产品质量和服务公安业务方面有了新发展。

一、中国安全技术防范认证中心

2013年，中国安全技术防范认证中心结合中心实际情况，围绕认证工作，着力规范化建设，坚持创新发展，加强人员培训，认证业务平稳发展，在服务公安业务方面有新进展，中心运行满足国家认证认可工作总的要求。

（一）资质情况

中国安全技术防范认证中心按照国家认监委规范性要求及《产品认证机构通用要求》认可导则，建立了完整的质量体系。在中心管委会监督下确保认证公正性；着手研究落实社会责任；注册考核工厂检查员；监督评审分包实验室，保证机构资源和能力持续满足国家认证认可制度要求。2013年，经国家认监委和国家认可委年度监督审核，中心认证资质持续保持有效。中心严格按照国家认监委机构批准的业务范围开展认证业务。目前实施认证产品包括了13种强制性认证产品和9种自愿性认证产品，其认证实施规则、检测细则等认证技术规范全部采用了现行的社会公共安全产品国家和行业标准，见表4－4－1。

表4－4－1　认证标准情况表

序号	认证产品	标准号	标准名称
1	入侵探测器	GB 10408.1 － 2000	《入侵探测器　第1部分：通用要求》
		GB 10408.3 － 2000	《入侵探测器　第3部分：室内用微波多普勒探测器》
		GB 10408.4 － 2000	《入侵探测器　第4部分：主动红外入侵探测器》
		GB 10408.5 － 2000	《入侵探测器　第5部分：室内用被动红外入侵探测器》
		GB 10408.6 － 2009	《微波和被动红外复合入侵探测器》
		GB/T 10408.8 － 2008	《振动入侵探测器》

序号	认证产品	标准号	标准名称
1	入侵探测器	GB 10408.9 – 2001	《入侵探测器 第9部分：室内用被动式玻璃破碎探测器》
		GB 15209 – 2006	《磁开关入侵探测器》
		GB 16796 – 2009	《安全防范报警设备 安全要求和试验方法》
2	防盗报警控制器	GB 12663 – 2001	《防盗报警控制器通用技术条件》
3	汽车防盗报警系统	GB 20816 – 2006	《车辆防盗报警系统 乘用车》
		GA/T 553 – 2005	《车辆反劫防盗联网报警系统通用技术要求》
4	防盗保险柜/箱	GB 10409 – 2001	《防盗保险柜》
		GA 166 – 2006	《防盗保险箱》
		GA/T 73 – 1994	《机械防盗锁》
		GA 374 – 2001	《电子防盗锁》
		GA 701 – 2007	《指纹防盗锁通用技术要求》
5	防盗安全门	GB 17565 – 2006	《防盗安全门通用技术条件》
		GA/T 73 – 1994	《机械防盗锁》
		GA 374 – 2001	《电子防盗锁》
6	机动车测速仪	GA 297 – 2001	《机动车测速仪通用技术条件》
7	酒检仪	GB/T21254 – 2007	《呼出气体酒精含量检测仪》
8	道路交通信号灯	GB 14887 – 2011	《道路交通信号灯》
9	汽车行驶记录仪	GB/T 19056 – 2012	《汽车行驶记录仪》
10	车身反光标识	GB 23254 – 2009	《货车和挂车 车身反光标识》
11	活体指纹采集仪/指掌纹采集设备	GA/T 625 – 2010	《活体指纹图像采集技术规范》
		GA/T 626.1 – 2010	《活体指纹图像应用程序接口规范 第1部分：采集设备》
		GA/T 626.2 – 2010	《活体指纹图像应用程序接口规范 第2部分：图像拼接》
		GA/T 864 – 2010	《活体掌纹图像采集技术规范》
		GA/T 865 – 2010	《活体掌纹图像采集接口规范》
		GA/T 866 – 2010	《活体指纹/掌纹采集设备测试技术规范》

序号	认证产品	标准号	标准名称
12	防盗锁	GA/T 73 – 1994	《机械防盗锁》
12	防盗锁	GA 374 – 2001	《电子防盗锁》
		GA 701 – 2007	《指纹防盗锁通用技术要求》
13	DNA 检测试剂盒	GA 815 – 2009	《法庭科学人类荧光标记 STR 复合扩增检测试剂的基本质量要求》
14	公安 350 兆模拟无线通信设备	GA 176 – 1998	《公安移动通信网警用自动级规范》
		GB/T 15844.1 – 1995	《移动通信调频无线电话机　通用技术要求》
		GB/T 15844.2 – 1995	《移动通信调频无线电话机　环境要求和试验方法》
		GB 4208 – 2008	《外壳防护等级》

（二）认证中心职工情况

2013 年，中心职工总数 30 人，其中大学以上学历 14 人，大专学历 12 人；高级职称 14 人，中级职称 4 人；注册工厂检查员 11 人。

（三）工厂检查员情况

2013 年，中心聘用的工厂检查员 97 人，较以往基本持平，人员保持稳定。全年对工厂检查组长开展了 2 次集中培训，确保工厂检查员骨干对执业规范和国家认证认可制度要求的理解与执行，检查员分布情况表见表 4 – 4 – 2。

表 4 – 4 – 2　检查员分布情况表

认证规则	2012 年人数	2013 年人数
CNCA – 10C – 047：2009《安全技术防范产品强制性认证实施规则　入侵探测器产品》	48	50
CNCA – 10C – 052：2009《安全技术防范产品强制性认证实施规则　防盗报警控制器产品》	49	50
CNCA – 10C – 053：2009《安全技术防范产品强制性认证实施规则　汽车防盗报警系统产品》	50	51
CNCA – 10C – 054：2009《安全技术防范产品强制性认证实施规则　防盗保险柜（箱）产品》	41	35
CNCA – 02C – 066：2005《道路交通安全产品强制性认证实施规则　汽车行使记录仪产品》	17	17
CNCA – 02C – 067：2005《道路交通安全产品强制性认证实施规则　车身反光标识产品》	15	15
合计	220	218

（四）分包实验室情况

根据《国家认监委关于协助开展2013年度强制性产品认证指定机构及工厂检查员监督检查工作的通知》（国认监函〔2013〕74号）的要求，国家认监委、中国合格评定国家认可中心组织对指定的安防产品CCC指定实验室进行了2013年度专项监督检查。通过监督检查，2家实验室检测活动规范，检测过程控制有效，可追溯机制得到改进，持续保持了安全技术防范产品强制性认证检测的专业能力，总评分结果均为90分以上。同时，按照中心2013年实验室年度监督评审的方案，对与中心签署认证检测分包协议的7家承担中心认证检测任务的实验室进行了年度监督评审，保证了认证检测持续符合认证要求，检测机构能力持续满足认证的要求。中国安全技术防范认证中心分包实验室包括：

国家安全防范报警系统产品质量监督检验中心（北京）；

国家安全防范报警系统产品质量监督检验中心（上海）；

国家道路交通安全产品检测中心（公安部交通安全产品质量监督检测中心）；

公安部刑事技术产品质量监督检验中心；

（上述4家为公安部所属产品检测机构）

国家汽车检测中心（长春）；

航天科技集团207研究所；

北京物证鉴定中心。

主要分包实验室情况见表4－4－3。

表4－4－3 公安部所属的中心分包实验室认证能力情况表

实验室名称	认证检测范围	人员情况	设备情况	实验室面积	能力状况
国家安全防范报警系统产品质量监督检验中心（北京）	安全技术防范产品	承担认证产品技术人员54人。职称比例：研究员3人，所占比例6%；副研究员9人，所占比例17%；工程师26人，所占比例48%；助理工程师16人，所占比例29%	现有仪器设备1400余台（套）	中心实验室分布在北京市首都体育馆南路一号和北京市昌平区兴寿镇秦城村公安部公安部第一研究所基地两个区域，实验室面积总计约10000平方米	中心具备入侵探测器、汽车防盗报警系统、防盗报警控制器、防盗保险柜（箱）共四类3C认证产品的检测资质和能力，具备集群车载台、集群对讲机、防盗安全门及防盗锁等社会公共安全自愿性认证产品的检测资质和能力，无变化

实验室名称	认证检测范围	人员情况	设备情况	实验室面积	能力状况
国家安全防范报警系统产品质量监督检验中心（上海）	安全技术防范产品	承担产品检测技术人员共19名（包含报告审核人员3名和环境试验4名），高级职称占36.8%，中级职称占36.8%	主要仪器设备有GTEM小室、电器安全性能综合测试系统、频谱分析仪、脉冲串测试仪、电液式万能试验机、高低温湿热试验箱、雨淋试验装置、砂尘试验箱等，共有仪器设备30余台（套）	实验室面积无变化	2012年7月，首次参加了由中国合格评定国家认可中心组织的能力验证"CNAS T0677电子电器产品待机功耗的检测"，2013年10月，首次报名参加了电磁兼容测试领域"射频场感应的传导骚扰抗扰度"的测量审核，同样获得了"满意"的结果
国家道路交通安全产品检测中心/公安部交通安全产品质量监督检测中心	道路交通安全产品	认证检测人员5人，助研	汽车行驶记录仪检测设备14台（套），车身反光标识检测设备11台（套）		检测能力无变化
公安部刑事技术产品质量监督检验中心	刑事技术产品	现有技术人员7名，其中研究员1名，副研究员2名，助理研究员2名，研究实习员2名	主要设备7台	约60平方米	无变化，继续保持原有能力

（五）机构工作情况

1. 继续强化认证工作的规范化建设

首先，中心始终坚持按照国家认监委、认可委对于产品认证机构的要求，完善中心质量体系和规范文件。中心在日常认证工作中，认真按照《质量手册》和程序文件及作业指导文件规范运行，开展内部质量审核和管理评审并加强日常监督。中心所承担的强制性认证工作，通过了国家认监委组织CCC专项监督检查。中心的运行通过了国家认可委进行的认证机构认可年度监督评审。

其次，根据2013年中心工作安排，中心完成了理事会、管委会和保密监督工作。审议通过了中心一年来工作情况、财务的预算和决算以及理事会章程规定的各项议程。管委会以函审方式对管委会章程规定的主任变更、中心认证公正性、业务范围等情况进行了审议。审议结论为：中心能够确保认证的公正性，总体运行情况平稳有效。按照认可规范的保密规定，实施了年度保密检查。中心全年严格执行认可导则的保密规定，未发生认证信息的失密、泄密情况，持续符合认可规范和中心程序文件要求。

第三，强化认证业务工作程序，提高工作效率。为确保认证工作的合法性、公正性。认证工作流程规范化，加强了对认证业务环节上重点控制，进一步完善公共安全产品认证流程的规范化操作。制定并依据重点工作计划任务书改进了工作；合理调整认证流程岗位职责；完善了认证证书的管理工作,对所有发出的证书进行全面清理。

第四,加强了对工厂检查员的培训管理。为认真贯彻公安部科技信息化局加强对中心检查员管理的要求,提高骨干检查员的责任意识和职业道德水平,明确工厂检查工作纪律,中心分别于2013年3月7日和20日在北京和上海举办了2期"2013年度工厂检查组长培训班",对中心具备检查组长资质的42名检查员进行了培训。培训中,检查员认真学习了解了国家对产品认证的最新要求,以应对工厂检查工作中的重点、难点和经常出现的常识性问题,培训对提高骨干检查员的专业素质和职业道德起到了积极作用。

第五,按照《国家认监委关于加强强制性产品认证风险信息分析预警工作的通知》要求,建立了风险信息分析预警工作机制。定期收集、关注强制性产品认证舆情风险信息,及时传达和解决国家认监委通报的强制性产品认证风险信息,做到早报告、早警惕、早防控。全年未发现和发生重大情况,保持了风险信息分析预警工作常态化,并按国家认监委要求,向国家认监委报送了中心的强制性产品认证风险信息分析预警工作总结。

2.加强质量建设,保证认证有效性,安防产品认证业务和效益稳中有升

2013年,中心注重提升工作质量,完善认证业务流程,保证认证的有效性。

一是加强对认证技术文件的管理。持续收集国家和相关部门(CNAS、相关TC等)新发布的与认证相关的法规和管理性文件,关注相关标准的修订与变更情况。组织完成了微波和被动红外入侵探测器产品标准变更认证技术转换工作。组织召开由北京、上海安防产品检测中心、TC 100标委会等单位专家参加的技术会议,对新旧标准的差异性作出分析说明,并对检测项目、单元划分、关键件及送样、规则相关其他须调整内容提出修订意见。根据产品标准换版情况,制订认证要求变更方案,及时贯彻新标准,确保认证有效性。

二是在汽车行驶记录仪、道路交通信号灯、微波和被动红外入侵探测器等产品标准变更,认证检测要求调整后,组织修订了相应的产品认证检测实施细则,并完成了文件受控、发放。

三是积极做好汽车行驶记录仪新标准转换认证实施的协调工作。对于涉及产品管理、标准、检测等方面问题,及时与相关方面沟通,加以解决,并组织专门工作组推进相应工作,保证此项工作有效开展,并收到很好的认证收益。

四是受CNCA和CNAS的委托,中心承担了国家认监委2013年安防产品CCC指定实验室专项监督核查工作。中心领导高度重视,组成以主任负责的工作组,结合几年来安防产品认证检测的情况,深入分析,针对性地编制了安防产品CCC指定实验室专项监督检查方案,首次提出了制作有故障点样品,交由2家安防产品检测中心进行盲样检测的方法。专项监督方案及实施对于促进2家安防检测中心规范化工作发挥了积极作用,受到了国家认监委、认可委一致好评。

五是办理CCC执法协查和接收对供方投诉等案件。汇总整理并分析了2010年至2012年3年申投诉、执法协查工作情况,针对当前工作遇到的新情况,及时研究调整工作思路,增加风险意识、法律意识、责任意识、服务意识,探索新的监督工作方式,完成了《安防产品强制性认证指南——执法监督研究》,主动服务和引导企业持续符合强制性产品认证制度要求。不断改进工作方式,完善程序文件,对于申投诉和执法协查案件集体研究,合理全面收集有效证据。中心全年办理对供方投诉2件,CCC执法协查5件,满足执法监督要求,维护了认证有效性。

目前，中心保持了安防产品认证质量的持续改进，也保持了安防产品认证业务的有效提升。2013 年，受理新增单元和扩展申请 871 次，组织派遣认证工厂检查组（含境外）532 个，向各分包检测机构下达产品检测委托书 1495 份；保持强制性认证有效证书 1617 张，保持持续增长。2013 年，中心财务状况稳中有升超额完成了本年预算，取得了可喜的成绩。

3. 积极开展认证项目扩展和科研工作，服务公安工作、服务国家认证事业发展

中心通过承担安全技术防范产品管理制度研究、参加国家认监委强制性认证实施规则修订、开展公安刑侦指纹系统评测认证、居民身份证阅读机具产品认证等工作，积极拓展认证业务，为公安工作提供技术服务，展现了为公安工作服务和参与国家的相关认证认可活动的能力。全年主要开展了以下工作：

一是为了落实《关于组织开展立法专项研究工作的通知》（公科信技防〔2013〕10 号）要求，中心成立领导小组和工作组，制定了专项研究工作方案，积极开展了对有关检测中心、标委会、行协专家和企业的调研，并召开专题座谈会。认真组织了对安全技术防范产品管理制度的研究，形成了《安全技术防范产品管理制度专项研究报告》。

二是中心作为国家认监委安防和道路交通安全产品强制性认证技术专家组秘书单位，承担了这两类产品认证的技术支持工作。2013 年，按照国家认监委总体部署，全面开展了针对这两类产品强制性认证规则修订、认证范围界定、认证模式调整以及认证实施细则制定的调研、论证及实施组织等工作。

三是积极开展公安部治安管理局委托中心承担开展居民身份证阅读机具产品认证工作。中心成立了专门工作组，制订了工作方案。从项目调研论证，认证规则起草、审议，相关报备，相关技术和管理方案的推进，中心都做了大量细致的工作。

四是继续推进公安部刑事侦查局委托中心承担的指纹自动识别系统认证检测评价工作。在指纹系统软件实验室认证检测基本完成后，又配合刑事侦查局、公安部物证鉴定中心等单位全面启动了对全国各省市指纹系统的现场评测工作。

五是按照中心领导批示，承担了《公安标准化及社会公共安全行业产品质量监督年鉴（2012 年）》材料提供、年鉴编写和相关审定等工作。

二、公安部消防产品合格评定中心

2013 年，在公安部党委的领导下，公安部消防产品合格评定中心领导班子及全体员工夯实合格评定工作基础，创新业务工作机制；认真开展党的群众路线教育实践活动，进一步提高了广大干部职工全心全意为人民服务的自觉性和主动性，较好地完成了各项工作任务。目前，公安部消防产品合格评定中心拥有的认证企业数量、认证产品种类及颁发产品认证证书数量始终占据国内第二，已成为国际知名的消防产品合格评定机构。

（一）机构资质情况

按照《消防法》、《认证认可条例》及《产品认证机构通用要求》的规定，公安部消防产品合格评定中心在建立完整的质量保证体系、认真履行社会责任、保障消防安全及人民生命财产安全方面开展了卓有成效的工作；持续保证机构资源和能力始终满足认证认可制度的原则要求。

公安部消防产品合格评定中心严格按照国家认监委机构批准的业务范围开展认证及技术鉴定业务。目前对火灾报警产品、消防水带产品、喷水灭火产品、泡沫灭火产品、灭火剂产品、消防装备产品、建筑耐火构件产品、汽车消防车等 8 类消防产品开展强制性认证工作;对灭火器、防火门、消火栓、消防枪炮、消防接口、消防应急灯具、防火阻燃材料、可燃气体报警设备、微水雾滴灭火设备、自动寻的喷水灭火装置、感温自启动灭火装置、预作用报警阀组等 12 类消防产品开展质量认证工作;对新研制的、且尚无国家标准和行业标准的消防产品实施技术鉴定;对获得认证或技术鉴定证书的消防产品生产企业实施身份信息管理,负责公安部政府网站"中国消防产品信息网"的运行、管理工作。经国家认证监管部门指定,自 2014 年 9 月 1 日起,公安部消防产品合格评定中心将对具有国家标准及行业标准的所有消防产品开展强制性认证工作。

公安部消防产品合格评定中心内设技术评定委员会、6 个业务部门、2 个行政管理部门及独立开展审计工作的内部审计机构,现有初、中级职称专业技术人员 29 名;正、副高级职称专业技术人员 11 名;拥有强制性认证工厂检查人员 211 名,自愿性认证工厂检查人员 215 名。对国内外 2700 余家消防产品生产企业开展了强制性认证、质量认证、技术鉴定等合格评定工作,颁发各类认证证书 2.1 万余张。消防产品认证依据的国家标准、行业标准见表 4 - 4 - 4。

表 4 - 4 - 4 消防产品认证依据的国家标准、行业标准汇总表

序号	产品名称	产品标准
1	火灾报警控制器	GB 4717 - 2005《火灾报警控制器》
2	点型感烟火灾探测器	GB 4715 - 2005《点型感烟火灾探测器》
3	点型感温火灾探测器	GB 4716 - 2005《点型感温火灾探测器》
4	消防联动控制系统设备	GB 16806 - 2006《消防联动控制系统》
5	手动火灾报警按钮	GB 19880 - 2005《手动火灾报警按钮》
6	独立式感烟火灾探测报警器	GB 20517 - 2006《独立式感烟火灾探测器》
7	可燃气体报警控制器	GB 16808 - 2008《可燃气体报警控制器》
8	测量范围为 0 ~ 100% LEL 的点型可燃气体探测器	GB 15322.1 - 2003《可燃气体探测器 第 1 部分:测量范围为 0 ~ 100% LEL 的点型可燃气体探测器》
9	测量范围为 0 ~ 100% LEL 的独立式可燃气体探测器	GB 15322.2 - 2003《可燃气体探测器 第 2 部分:测量范围为 0 ~ 100% LEL 的独立式可燃气体探测器》
10	测量范围为 0 ~ 100% LEL 的便携式可燃气体探测器	GB 15322.3 - 2003《可燃气体探测器 第 3 部分:测量范围为 0 ~ 100% LEL 的便携式可燃气体探测器》
11	测量人工煤气的点型可燃气体探测器	GB 15322.4 - 2003《可燃气体探测器 第 4 部分:测量人工煤气的点型可燃气体探测器》
12	测量人工煤气的独立式可燃气体探测器	GB 15322.5 - 2003《可燃气体探测器 第 5 部分:测量人工煤气的独立式可燃气体探测器》

序号	产品名称	产品标准
13	测量人工煤气的便携式可燃气体探测器	GB 15322.6 – 2003《可燃气体探测器　第6部分：测量人工煤气的便携式可燃气体探测器》
14	特种火灾探测器	GB 15631 – 2008《特种火灾探测器》
15	点型紫外火焰探测器	GB 12791 – 2006《点型紫外火焰探测器》
16	线型光束感烟火灾探测器	GB 14003 – 2005《线型光束感烟火灾探测器》
17	电气火灾监控设备	GB 14287.1 – 2005《电气火灾控制系统　第1部分：电气火灾监控设备》
18	剩余电流式电气火灾监控探测器	GB 14287.2 – 2005《电气火灾监控系统　第2部分：剩余电流式电气火灾监控探测器》
19	测温式电气火灾监控探测器	GB 14287.3 – 2005《电气火灾监控系统　第3部分：测温式电气火灾监控探测器》
20	火灾显示盘	GB 17429 – 2011《火灾显示盘》
21	火灾声和/或光警报器	GB 26851 – 2011《火灾声和/或光警报器》
22	防火卷帘控制器	GA 386 – 2002《防火卷帘控制器》
23	线型感温火灾探测器	GB 16280 – 2005《线型感温火灾探测器》
24	家用火灾报警产品	GB 22370 – 2008《家用火灾安全系统》
25	用户信息传输装置	GB 26875.1 – 2011《城市消防远程监控系统　第1部分：用户信息传输装置》
26	消防应急照明和疏散指示系统产品	GB 17945 – 2010《消防应急照明和疏散指示系统》
27	消防安全标志	GA 480.1 – 2004《消防安全标志通用技术条件　第1部分：通用要求和试验方法》
		GA 480.2 – 2004《消防安全标志通用技术条件　第2部分：常规消防安全标志》
		GA 480.3 – 2004《消防安全标志通用技术条件　第3部分：蓄光消防安全标志》
		GA 480.4 – 2004《消防安全标志通用技术条件　第4部分：逆反射消防安全标志》
		GA 480.5 – 2004《消防安全标志通用技术条件　第5部分：荧光消防安全标志》
		GA 480.6 – 2004《消防安全标志通用技术条件　第6部分：搪瓷消防安全标志》
28	火警受理设备	GB 16281 – 2010《火警受理系统》

序号	产品名称	产品标准
29	119火灾报警装置	GB 16282 – 1996《火灾报警系统通用技术条件》
30	消防车辆动态终端机	GA 545.1 – 2005《消防车辆动态管理装置 第1部分：消防车辆动态终端机》
31	消防车辆动态管理中心收发装置	GA 545.2 – 2005《消防车辆动态管理装置 第2部分：消防车辆动态管理中心收发装置》
32	防火窗	GB 16809 – 2008《防火窗》
33	防火门	GB 12955 – 2008《防火门》
34	防火门闭门器	GA 93 – 2004《防火门闭门器》
35	防火玻璃	GB 15763.1 – 2009《建筑用安全玻璃 第1部分：防火玻璃》
36	防火玻璃非承重隔墙	GA 97 – 1995《防火玻璃非承重隔墙通用技术条件》
37	防火卷帘	GB 14102 – 2005《防火卷帘》
38	防火卷帘用卷门机	GA 603 – 2006《防火卷帘用卷门机》
39	消防排烟风机	GA 211 – 2009《消防排烟风机耐高温试验方法》
40	挡烟垂壁	GA 533 – 2012《挡烟垂壁》
41	防火排烟阀门	GB 15930 – 2007《建筑通风和排烟系统用防火阀门》
42	钢结构防火涂料	GB 14907 – 2002《钢结构防火涂料》
43	饰面型防火涂料	GB 12441 – 2005《饰面型防火涂料》
44	电缆防火涂料	GB 28374 – 2012《电缆防火涂料》
45	防火封堵材料	GB 23864 – 2009《防火封堵材料》
46	混凝土结构防火涂料	GB 28375 – 2012《混凝土结构防火涂料》
47	防火膨胀密封件	GB 16807 – 2009《防火膨胀密封件》
48	塑料管道阻火圈	GA 304 – 2012《塑料管道阻火圈》
49	耐火电缆槽盒	GB 29415 – 2013《耐火电缆槽盒》
50	泡沫灭火剂	GB 15308 – 2006《泡沫灭火剂》
51	水系灭火剂	GB 17835 – 2008《水系灭火剂》
52	BC干粉灭火剂	GB 4066.1 – 2004《干粉灭火剂 第1部分：BC干粉灭火剂》
53	ABC干粉灭火剂	GB 4066.2 – 2004《干粉灭火剂 第2部分：ABC干粉灭火剂》
54	超细干粉灭火剂	GA 578 – 2005《超细干粉灭火剂》
55	二氧化碳灭火剂	GB 4396 – 2005《二氧化碳灭火剂》

序号	产品名称	产品标准
56	七氟丙烷灭火剂	GB 18614 – 2012《七氟丙烷（HFC227ea）灭火剂》
57	惰性气体灭火剂	GB 20128 – 2006《惰性气体灭火剂》
58	六氟丙烷灭火剂	GB 25971 – 2010《六氟丙烷（HFC236ea）灭火剂》
59	A 类泡沫灭火剂	GB 27897 – 2011《A 类泡沫灭火剂》
60	消防水带 消防湿水带	GB 6246 – 2011《消防水带》
61	消防软管卷盘	GB 15090 – 2005《消防软管卷盘》
62	消防吸水胶管	GB 6969 – 2005《消防吸水胶管》
63	手提式灭火器	GB 4351.1 – 2005《手提式灭火器 第 1 部分：性能和结构要求》 GB 4351.2 – 2005《手提式灭火器 第 2 部分：手提式二氧化碳灭火器钢质无缝瓶体的要求》
64	推车式灭火器	GB 8109 – 2005《推车式灭火器》
65	简易式灭火器	GA 86 – 2009《简易式灭火器》
66	洒水喷头	GB 5135.1 – 2003《自动喷水灭火系统 第 1 部分：洒水喷头》
67	湿式报警阀	GB 5135.2 – 2003《自动喷水灭火系统 第 2 部分：湿式报警阀、延迟器、水力警铃》
68	水流指示器	GB 5135.7 – 2003《自动喷水灭火系统 第 7 部分：水流指示器》
69	压力开关	GB 5135.10 – 2006《自动喷水灭火系统 第 10 部分：压力开关》
70	家用喷头	GB 5135.15 – 2008《自动喷水灭火系统 第 15 部分：家用喷头》
71	扩大覆盖面积洒水喷头	GB 5135.12 – 2006《自动喷水灭火系统 第 12 部分：扩大覆盖面积洒水喷头》
72	早期抑制快速反应（ESFR）喷头	GB 5135.9 – 2006《自动喷水灭火系统 第 9 部分：早期抑制快速响应（ESFR）喷头》
73	水幕喷头	GB 5135.13 – 2006《自动喷水灭火系统 第 13 部分：水幕喷头》
74	水雾喷头	GB 5135.3 – 2003《自动喷水灭火系统 第 3 部分：水雾喷头》
75	加速器	GB 5135.8 – 2003《自动喷水灭火系统 第 8 部分：加速器》
76	干式报警阀	GB 5135.4 – 2003《自动喷水灭火系统 第 4 部分：干式报警阀》
77	雨淋报警阀	GB 5135.5 – 2003《自动喷水灭火系统 第 5 部分：雨淋报警阀》
78	消防通用阀门	GB 5135.6 – 2003《自动喷水灭火系统 第 6 部分：通用阀门》
79	自动灭火系统用玻璃球	GB 18428 – 2010《自动灭火系统用玻璃球》

序号	产品名称	产品标准
80	预作用装置	GB 5135.14 – 2011《自动喷水灭火系统　第14部分：预作用装置》
81	减压阀	GB 5135.17 – 2011《自动喷水灭火系统　第17部分：减压阀》
82	末端试水装置	GB 5135.21 – 2011《自动喷水灭火系统　第21部分：末端试水装置》
83	沟槽式管接件	GB 5135.11 – 2006《自动喷水灭火系统　第11部分：沟槽式管接件》
84	消防洒水软管	GB 5135.16 – 2010《自动喷水灭火系统　第16部分：消防洒水软管》
85	消防用易熔合金元件	GA 863 – 2010《消防用易熔合金元件通用要求》
86	自动跟踪定位射流灭火系统	GB 25204 – 2010《自动跟踪定位射流灭火系统》
87	细水雾灭火装置	GA 1149 – 2014《细水雾灭火装置》
88	泡沫灭火设备产品	GB 20031 – 2005《泡沫灭火系统及部件通用技术条件》
89	厨房设备灭火装置	GA 498 – 2012《厨房设备灭火装置》
90	泡沫喷雾灭火装置	GA 834 – 2009《泡沫喷雾灭火装置》
91	高压二氧化碳灭火设备	GB 16669 – 2010《二氧化碳灭火系统及部件通用技术条件》
92	低压二氧化碳灭火设备	GB 19572 – 2013《低压二氧化碳灭火系统及部件》
93	卤代烷烃灭火设备	GB 25972 – 2010《气体灭火系统及部件》
94	惰性气体灭火设备	
95	油浸变压器排油注氮灭火装置	GA 835 – 2009《油浸变压器排油注氮灭火装置》
96	热气溶胶灭火装置	GA 499.1 – 2010《气溶胶灭火系统　第1部分：热气溶胶灭火装置》
97	柜式气体灭火装置	GB 16670 – 2006《柜式气体灭火装置》
98	悬挂式气体灭火装置	GA 13 – 2006《悬挂式气体灭火装置》
99	干粉灭火设备	GB 16668 – 2010《干粉灭火系统部件通用技术条件》
100	柜式干粉灭火装置	
101	悬挂式干粉灭火装置	GA 602 – 2006《干粉灭火装置》
102	消防气压给水设备	GB 27898.1 – 2011《固定消防给水设备　第1部分：消防气压给水设备》
103	消防自动恒压给水设备	GB 27898.2 – 2011《固定消防给水设备　第2部分：消防自动恒压给水设备》

序号	产品名称	产品标准
104	消防增压稳压给水设备	GB 27898.3 – 2011《固定消防给水设备 第3部分：消防增压稳压给水设备》
105	消防气体顶压给水设备	GB 27898.4 – 2011《固定消防给水设备 第4部分：气体顶压消防给水设备》
106	消防双动力给水设备	GB 27898.5 – 2011《固定消防给水设备 第5部分：消防双动力给水设备》
107	车用消防泵	GB 6245 – 2006《消防泵》
108	消防泵组	
109	消防水鹤	GA 821 – 2009《消防水鹤》
110	消防球阀	GA 79 – 2010《消防球阀》
111	室内消火栓	GB 3445 – 2005《室内消火栓》
112	室外消火栓	GB 4452 – 2011《室外消火栓》
113	消防水枪	GB 8181 – 2005《消防水枪》
114	消防水泵接合器	GB 3446 – 2013《消防水泵接合器》
115	分水器和集水器	GA 868 – 2010《分水器和集水器》
116	消防接口	GB 12514.1 – 2005《消防接口 第1部分：消防接口通用技术条件》
		GB 12514.2 – 2006《消防接口 第2部分：内扣式消防接口型式和基本参数》
		GB 12514.3 – 2006《消防接口 第3部分：卡式消防接口型式和基本参数》
		GB 12514.4 – 2006《消防接口 第4部分：螺纹式消防接口型式和基本参数》
117	消防泡沫枪	GB 25202 – 2010《泡沫枪》
118	消防干粉枪	GB 25200 – 2010《干粉枪》
119	脉冲气压喷雾水枪	GA 534 – 2005《脉冲气压喷雾水枪通用技术条件》
120	消防炮	GB 19156 – 2003《消防炮通用技术条件》
		GB 19157 – 2003《远控消防炮系统通用技术条件》
121	机动车排气火花熄灭器	GB 13365 – 2005《机动车排气火花熄灭器》
122	建筑火灾逃生避难器材	GB 21976.1 – 2008《建筑火灾逃生避难器材 第1部分：配备指南》
		GB 21976.2 – 2012《建筑火灾逃生避难器材 第2部分：逃生缓降器》

序号	产品名称	产品标准
122	建筑火灾逃生避难器材	GB 21976.3 – 2012《建筑火灾逃生避难器材　第3部分：逃生梯》
		GB 21976.4 – 2012《建筑火灾逃生避难器材　第4部分：逃生滑道》
		GB 21976.5 – 2012《建筑火灾逃生避难器材　第5部分：应急逃生器》
		GB 21976.6 – 2012《建筑火灾逃生避难器材　第6部分：逃生绳》
123	过滤式消防自救呼吸器	GB 21976.7 – 2012《建筑火灾逃生避难器材　第7部分：过滤式消防自救呼吸器》
124	化学氧消防自呼吸器	GA 411 – 2003《化学氧消防自呼吸器》
125	消防摩托车	GA 768 – 2008《消防摩托车》
126	消防救生气垫	GA 631 – 2006《救生气垫》
127	消防梯	GA 137 – 2007《消防梯》
128	消防斧	GA 138 – 2010《消防斧》
129	消防移动式照明装置	GB 26755 – 2011《消防移动式照明装置》
130	消防救生照明线	GB 26783 – 2011《消防救生照明线》
131	移动式消防排烟机	GB 27901 – 2011《移动式消防排烟机》
132	消防员隔热防护服	GA 634 – 2006《消防员隔热防护服》
133	消防员灭火防护靴	GA 6 – 2004《消防员灭火防护靴》
134	消防用防坠落设备	GA 494 – 2004《消防用防坠落设备》
135	消防员呼救器	GB 27900 – 2011《消防员呼救器》
136	消防员灭火防护头套	GA 869 – 2010《消防员灭火防护头套》
137	消防腰斧	GA 630 – 2006《消防腰斧》
138	正压式消防空气呼吸器	GA 124 – 2013《正压式消防空气呼吸器》
139	正压式消防氧气呼吸器	GA 632 – 2006《正压式消防氧气呼吸器》
140	消防头盔	GA 44 – 2004《消防头盔》
141	消防手套	GA 7 – 2004《消防手套》
142	消防员灭火防护服	GA 10 – 2002《消防员灭火防护服》
143	消防员化学防护服装	GA 770 – 2008《消防员化学防护服装》
144	消防车	GB 7956 – 1998《消防车消防性能要求和试验方法》

（二）分包实验室管理建设情况

公安部消防产品合格评定中心共有4家认证检验分包实验室，具体为：

国家固定灭火系统和耐火构件质量监督检验中心（天津）；

国家防火建筑材料质量监督检验中心（四川）；

国家消防电子产品质量监督检验中心（沈阳）；

国家消防装备质量监督检验中心（上海）。

依据认证法规及相关标准、规范、分包合同规定，公安部消防产品合格评定中心严格要求各分包实验室在完成消防产品认证检验工作的同时，注重基础设施建设，认证检验技术的研究与开发，相关技术人员、管理人员的培养等工作，为认证工作的开拓和发展奠定了坚实的基础。2013年度，4家分包实验室全部通过了国家实验室认可年度监督评审和国家认监委组织的专项监督检查。

2013年，国家固定灭火系统和耐火构件质量监督检验中心（天津）新增62项消防产品的检测能力，检测能力已达到200项，职工总数为131人，实验室建筑面积50000多平方米，仪器设备365台（套）；国家防火建筑材料质量监督检验中心（四川）检测能力已达到195项，职工总数77人，实验室建筑面积40000多平方米，仪器设备200多台（套），实验室建筑面积较2012年新增1000多平方米，仪器设备新增50多台（套）；国家消防电子产品质量监督检验中心（沈阳）新增13项消防产品的检测能力，职工总数88人，实验室建筑面积13085平方米，仪器设备225台（套），较2012年新增人员19人，新增仪器设备28台（套），实验室建筑面积扩大120平方米；国家消防装备质量监督检验中心（上海）新增40项消防产品的检测能力，职工总数66人，实验室建筑面积6968平方米，仪器设备474台（套）。

（三）工厂检查队伍建设情况

经过近十年的基础建设，公安部消防产品合格评定中心目前拥有强制性认证工厂检查员211人，QMS审核员57人，自愿性认证工厂检查员215人，已成为国内拥有产品认证类工厂检查人员最多的机构之一，见表4-4-5。

表4-4-5 各类工厂检查人员汇总表

序号	资质级别 资质类别	实习审核员	检查员/ 审核员	高级检查员/高级审核员	总数
1	强制性认证检查员	/	179人	32人	211人
2	QMS审核员	4人	32人	21人	57人
3	自愿性产品认证检查员	/	183人	32人	215人

（四）机构工作情况

1.强化服务意识，着力打造"为民务实"的窗口形象

公安部消防产品合格评定中心坚持以转变工作作风为着力点，坚持实施业务办理"网上阳光工程"及"接待窗口党员值班服务制度"，通过耐心服务、答疑解难，有效解决委托认证及获证后跟踪管

理的各类问题；与此同时，增加了十余部热线咨询电话，设立了网上留言答复平台，受到了广大委托认证单位的一致好评。

2. 强化证后跟踪调查工作，确保认证有效性

2013 年，公安部消防产品合格评定中心持续开展了针对河南、广东、浙江、江苏、福建、北京等消防产品质量问题多发地的多轮次飞行监督行动，整个行动历时 8 个月、全部覆盖重点地区及重点企业，为净化消防产品市场、保证认证结果的有效性奠定了可靠的基础。公安部消防产品合格评定中心建立了"运用消防产品身份信息管理系统，以使用领域产品一致性检查为主模式"的消防产品合格评定证后监督机制，有效遏制、打击了消防产品制假售假、以次补好等违法行为。本年度共派出人员 9000 余人次，对涉及所有认证产品范畴的 2000 余个建设工程、2700 余个获证企业进行了飞行检查，暂停及撤销证书数量达 1200 余张，更换了 5 万套（件）以上不符合质量要求的消防产品，有力地保障了人民生命财产安全。

3. 全面推进、拓展消防产品强制性认证工作

公安部消防产品合格评定中心完成了"落实《消防法》规定，全面推进消防产品强制性认证工作"的必要性、可行性论证工作，2013 年年底，全面拓展后的《消防产品强制性认证目录》及《消防产品强制性认证实施规则》（送审稿）通过了公安部、国家质量监督检验检疫总局及世界贸易组织的审查，2014 年 2 月 28 日，涉及 15 大类、2 万余个型号规格、156 个国家或行业标准的消防产品被正式纳入强制性认证制度，标志着我国消防产品市场准入工作真正迈入了以强制性产品认证为主体的发展阶段。

4. 着力推进消防产品身份信息管理制度

2013 年度，公安部消防产品合格评定中心全面实现了消防产品身份信息管理制度覆盖所有认证产品、技术鉴定产品的工作目标，消防产品身份信息发布数量累计超过 10 亿余条。为依法追踪问题产品，净化消防产品市场提供了可靠的技术依据。

5. 落实《消防法》，开展消防产品技术鉴定工作

2012 年 12 月，公安部、国家认监委颁布实施《消防产品技术鉴定工作规范》，并指定公安部消防合格评定中心承担消防产品技术鉴定工作。

公安部消防合格评定中心组织来自公安消防部门、质量监督部门、消防产品生产企业，消防工程设计、施工及维修等单位的有关专家，研讨制定并颁布实施了《消防产品技术鉴定工作规程》、《消防产品技术鉴定专家委员会工作指南及管理办法》、《消防产品技术鉴定作业指导书》、《消防产品技术鉴定工厂检查指南》、《消防产品技术鉴定型式试验基本要求》、《消防产品技术鉴定一致性控制要求》、《获得技术鉴定证书的消防产品跟踪管理要求》等规范性文件。中心于 2013 年 1 月 1 日开通了"消防产品技术鉴定网上业务系统"，为保证新的消防产品市场准入制度"公平、公正、科学、规范"的开展奠定了基础。2013 年 12 月 26 日，中国首张《消防产品技术鉴定证书》颁发。

6. 促进消防产业发展，保障人民生命财产安全

2013 年，公安部消防产品合格评定中心共颁发强制性认证证书及质量认证证书 21674 张，发布各类消防产品身份信息 1.9 亿条，涉及国内外生产企业 2740 余家，建筑防火构件、电气火灾监控、消防员个人防护装备及固定灭火系统类产品生产企业的获证增长率均不低于 15%，据不完全统计，

近年来，消防产品认证企业的年销售额早已突破 800 亿元，在消防行业中已成为促进产业发展的中坚力量。

7. 顺利通过国家认证监管部门的监督稽查和认可评审

2013 年 8 月，评定中心第十次接受了国家认证监管部门的监督稽查和国家认可部门的认可评审，均顺利通过。有关机构资质复审、标准换版、认证项目增加等工作，也均获得了国家认证监管部门的批准。

8. 有效加强中心业务工作跟踪监督管理

公安部消防产品合格评定中心始终坚持对各项认证工作的全面跟踪监督管理。坚持每日核查各部门及有关岗位人员在网上认证业务系统中的工作状况，对发现的有关典型问题，一抓到底、追究到责任岗位和有关领导，并在绩效考核中落实惩处要求。中心成立十年来，始终保持了认证业务工作"零投诉"的良好记录。

9. 建立合格评定业务与科研工作相结合的新模式

2013 年度，公安部消防产品合格评定中心制定并运行了消防产品合格评定标准化体系，即制定"消防产品工厂条件检查"、"产品一致性判定"、"身份信息跟踪管理"行业标准并将其作为合格评定工作的核心要求。这些标准均已纳入新颁布的《消防产品强制性认证实施规则》，并在消防产品市场准入工作中发挥核心作用。

为有效解决各类灭火剂、防火涂料、装饰材料、外墙保温材料关键技术性能无法现场判定的技术难题，公安部消防产品合格评定中心自主开发了以近红外探测为手段，以产品一致性分析数据为判定要素的产品质量现场判定测试仪，开发研制了系统分析软件及相关的硬件设施。一年多来，对国内外 1200 余家企业近 4000 个产品进行了综合分析测试，初步建立了涵盖获得市场准入的所有灭火剂、防火涂料产品的分析判定数据库，该成果有望在 2014 年年底投入试运行。

为将最新的消防科技成果尽快投入实战，公安部消防产品合格评定中心与天津消防研究所、湘潭大学等单位合作，开展了可有效扑救固体深位火灾的水系灭火剂应用性研究，通过开展大型外墙外保温火灾扑救，超高大空间（净高 15 米以上）自动喷水灭火系统灭火，大型纸张、塑料制品堆垛火灾扑救等实战灭火研究，取得了令人满意的效果，该研究成果已在国内部分消防部队投入实际应用。

附录 2013年公共安全行业
标准发布公告

关于发布公共安全行业标准的公告
（2013 年度）

以下 112 项公共安全行业标准已经公安部审查批准，并报国家质量技术监督检验检疫总局备案，现予以公告。

公安部
2014 年 2 月 22 日

一、强制性标准

序号	标准编号	标准名称	批准日期	实施日期
1	GA 490 – 2013	居民身份证机读信息规范	2013/01/09	2013/01/09
2	GA 450 – 2013	台式居民身份证阅读器通用技术要求	2013/01/09	2013/01/09
3	GA 467 – 2013	居民身份证验证安全控制模块接口技术规范	2013/01/09	2013/01/09
4	GA 801 – 2013	机动车查验工作规程	2013/01/09	2013/01/09
5	GA 1033 – 2013	公安监管场所装备建设和保障规范	2013/01/09	2013/01/09
6	GA 621 – 2013	消防员个人防护装备配备标准	2013/01/10	2013/01/10
7	GA 622 – 2013	消防特勤队（站）装备配备要求	2013/01/10	2013/01/10
8	GA 1042 – 2013	警用电源车	2013/02/20	2013/04/01
9	GA 1052.1 – 2013	警用帐篷　第 1 部分：12m^2 单帐篷	2013/03/07	2013/04/01

序号	标准编号	标准名称	批准日期	实施日期
10	GA 1052.2 – 2013	警用帐篷 第 2 部分：12m² 棉帐篷	2013/03/07	2013/04/01
11	GA 1052.3 – 2013	警用帐篷 第 3 部分：24m² 单帐篷	2013/03/07	2013/04/01
12	GA 1052.4 – 2013	警用帐篷 第 4 部分：24m² 棉帐篷	2013/03/07	2013/04/01
13	GA 1052.5 – 2013	警用帐篷 第 5 部分：60m² 单帐篷	2013/03/07	2013/04/01
14	GA 1052.6 – 2013	警用帐篷 第 6 部分：60m² 棉帐篷	2013/03/07	2013/04/01
15	GA 1052.7 – 2013	警用帐篷 第 7 部分：厕所帐篷	2013/03/07	2013/04/01
16	GA 1051 – 2013	枪支弹药专用保险柜	2013/03/11	2013/05/01
17	GA 1061 – 2013	消防产品一致性检查要求	2013/03/26	2013/03/26
18	GA 1068 – 2013	警用船艇外观制式涂装规范	2013/07/26	2013/07/26
19	GA 448 – 2013	居民身份证总体技术要求	2013/05/27	2013/05/27
20	GA 458 – 2013	居民身份证质量要求	2013/05/28	2013/05/28
21	GA 1081 – 2013	安全防范系统维护保养规范	2013/07/04	2013/08/01
22	GA 1029 – 2012	《机动车驾驶人考试场地及其设施设置规范（GA 1029 – 2012）》第 1 号修改单	2013/07/22	2013/07/22
23	GA 124 – 2013	正压式消防空气呼吸器	2013/07/26	2013/09/01
24	GA 1086 – 2013	消防员单兵通信系统通用技术要求	2013/08/22	2013/09/01
25	GA 1089 – 2013	电力设施治安风险等级和安全防护要求	2013/09/30	2013/11/01
26	GA 1091 – 2013	基于 13.56MHz 的电子证件芯片环境适应性评测规范	2013/10/14	2013/10/14
27	GA 1124 – 2013	长警棍	2013/11/29	2014/01/01
28	GA 1125 – 2013	T 型警棍	2013/11/29	2014/01/01
29	GA 602 – 2013	干粉灭火装置	2013/12/17	2014/01/01

二、推荐性标准

序号	标准编号	标准名称	批准日期	实施日期
1	GA/T 1040 – 2013	建筑倒塌事故救援行动规程	2013/01/05	2013/01/05
2	GA/T 1046 – 2013	居民身份证指纹采集基本规程	2013/01/09	2013/01/09
3	GA/T 1047 – 2013	道路交通信息监测记录设备设置规范	2013/01/09	2013/03/01
4	GA/T 1032 – 2013	张力式电子围栏通用技术要求	2013/01/09	2013/03/01

序号	标准编号	标准名称	批准日期	实施日期
5	GA/T 1008.1 – 2013	常见毒品的气相色谱、气相色谱－质谱检验方法 第1部分：鸦片中五种成分	2013/01/16	2013/03/01
6	GA/T 1008.2 – 2013	常见毒品的气相色谱、气相色谱－质谱检验方法 第2部分：吗啡	2013/01/16	2013/03/01
7	GA/T 1008.3 – 2013	常见毒品的气相色谱、气相色谱－质谱检验方法 第3部分：大麻中三种成分	2013/01/16	2013/03/01
8	GA/T 1008.4 – 2013	常见毒品的气相色谱、气相色谱－质谱检验方法 第4部分：可卡因	2013/01/16	2013/03/01
9	GA/T 1008.5 – 2013	常见毒品的气相色谱、气相色谱－质谱检验方法 第5部分：二亚甲基双氧安非他明	2013/01/16	2013/03/01
10	GA/T 1008.6 – 2013	常见毒品的气相色谱、气相色谱－质谱检验方法 第6部分：美沙酮	2013/01/16	2013/03/01
11	GA/T 1008.7 – 2013	常见毒品的气相色谱、气相色谱－质谱检验方法 第7部分：安眠酮	2013/01/16	2013/03/01
12	GA/T 1008.8 – 2013	常见毒品的气相色谱、气相色谱－质谱检验方法 第8部分：三唑仑	2013/01/16	2013/03/01
13	GA/T 1008.9 – 2013	常见毒品的气相色谱、气相色谱－质谱检验方法 第9部分：艾司唑仑	2013/01/16	2013/03/01
14	GA/T 1008.10 – 2013	常见毒品的气相色谱、气相色谱－质谱检验方法 第10部分：地西泮	2013/01/16	2013/03/01
15	GA/T 1008.11 – 2013	常见毒品的气相色谱、气相色谱－质谱检验方法 第11部分：溴西泮	2013/01/16	2013/03/01
16	GA/T 1008.12 – 2013	常见毒品的气相色谱、气相色谱－质谱检验方法 第12部分：氯氮卓	2013/01/16	2013/03/01
17	GA/T 1043 – 2013	道路交通技术监控设备运行维护规范	2013/01/16	2013/03/01
18	GA/T 1037 – 2013	消防指挥调度网网络设备和服务器命名规范	2013/01/17	2013/01/17
19	GA/T 1048.1 – 2013	标准汉译英要求 第1部分：术语	2013/01/31	2013/01/31
20	GA/T 1048.2 – 2013	标准汉译英要求 第2部分：标准名称	2013/01/31	2013/01/31
21	GA/T 1049.1 – 2013	公安交通集成指挥平台通信协议 第1部分：总则	2013/02/20	2013/05/01
22	GA/T 1049.2 – 2013	公安交通集成指挥平台通信协议 第2部分：交通信号控制系统	2013/02/20	2013/05/01
23	GA/T 1050 – 2013	汽车安全驾驶教育模拟装置	2013/02/22	2013/05/01
24	GA/T 1014 – 2013	公安交通管理移动执法警务系统通用技术条件	2013/02/25	2013/05/01

序号	标准编号	标准名称	批准日期	实施日期
25	GA/T 110 – 2013	建筑构件用防火保护材料通用要求	2013/03/11	2013/04/01
26	GA/T 1056 – 2013	警用数字集群（PDT）通信系统 总体技术规范	2013/03/20	2013/03/20
27	GA/T 1057 – 2013	警用数字集群（PDT）通信系统技术规范 空中接口物理层及数据链路层技术规范	2013/03/20	2013/03/20
28	GA/T 1058 – 2013	警用数字集群（PDT）通信系统 空中接口呼叫控制层技术规范	2013/03/20	2013/03/20
29	GA/T 1059 – 2013	警用数字集群（PDT）通信系统安全技术规范	2013/03/20	2013/03/20
30	GA/T 1062 – 2013	IC 卡光标测试系统校准规范	2013/04/01	2013/05/01
31	GA/T 1063 – 2013	感应加热设备计量校准规范	2013/04/01	2013/05/01
32	GA/T 1064 – 2013	X 射线源老化测试仪校准规范	2013/04/01	2013/05/01
33	GA/T 1065 – 2013	微剂量 X 射线安全检查设备测试体校准规范	2013/04/01	2013/05/01
34	GA/T 1066 – 2013	居民身份证阅读器校准规范	2013/04/01	2013/05/01
35	GA/T 1055 – 2013	LED 道路交通诱导可变信息标志通信协议	2013/04/11	2013/05/01
36	GA/T 1060.1 – 2013	便携式放射性物质探测与核素识别设备通用技术要求 第 1 部分：γ 探测设备	2013/04/11	2013/08/01
37	GA/T 1060.2 – 2013	便携式放射性物质探测与核素识别设备通用技术要求 第 2 部分：设别设备	2013/04/11	2013/08/01
38	GA/T 1017 – 2013	现场视频分布图编制规范	2013/05/13	2013/05/13
39	GA/T 1018 – 2013	视频中物品图像检验技术规范	2013/05/13	2013/05/13
40	GA/T 1019 – 2013	视频中车辆图像检验技术规范	2013/05/13	2013/05/13
41	GA/T 1020 – 2013	视频中事件过程检验技术规范	2013/05/13	2013/05/13
42	GA/T 1021 – 2013	视频图像原始性检验技术规范	2013/05/13	2013/05/13
43	GA/T 1022 – 2013	视频图像真实性检验技术规范	2013/05/13	2013/05/13
44	GA/T 1023 – 2013	视频中人像检验技术规范	2013/05/13	2013/05/13
45	GA/T 1024 – 2013	视频画面中目标尺寸测量方法	2013/05/13	2013/05/13
46	GA/T 1054.1 – 2013	公安数据元限定词（1）	2013/05/21	2013/05/21
47	GA/T 1053 – 2013	数据项标准编写要求	2013/05/22	2013/05/22
48	GA/T 1067 – 2013	基于拉曼光谱技术的液态物品安全检查设备通用技术要求	2013/05/22	2013/10/01

序号	标准编号	标准名称	批准日期	实施日期
49	GA/T 1069 – 2013	法庭科学电子物证手机检验技术规范	2013/05/23	2013/06/01
50	GA/T 1071 – 2013	法庭科学电子物证 Windows 操作系统日志检验技术规范	2013/05/27	2013/06/01
51	GA/T 1072 – 2013	基层公安机关社会治安视频监控中心（室）工作规范	2013/07/26	2013/10/01
52	GA/T 1073 – 2013	生物样品血液、尿液中乙醇、甲醇、正丙醇、乙醛、丙酮、异丙醇和正丁醇的顶空 – 气相色谱检验法	2013/06/24	2013/08/01
53	GA/T 1074 – 2013	生物样品中 γ – 羟基丁酸的气相色谱 – 质谱和液相色谱 – 串联质谱检验方法	2013/06/28	2013/06/28
54	GA/T 1082 – 2013	道路交通事故信息调查	2013/07/31	2013/10/01
55	GA/T 536.1 – 2013	易燃易爆危险品　火灾危险性分级及试验方法第 1 部分：火灾危险性分级	2013/08/12	2013/08/12
56	GA/T 536.7 – 2013	易燃易爆危险品　火灾危险性分级及试验方法第 7 部分：易燃气雾剂分级试验方法	2013/08/12	2013/08/12
57	GA/T 1083 – 2013	机动车号牌用烫印膜	2013/08/22	2013/12/01
58	GA/T 1085 – 2013	手持式移动警务终端通用技术要求	2013/08/22	2013/08/22
59	GA/T 744 – 2013	汽车车窗玻璃遮阳膜	2013/08/22	2013/12/01
60	GA/T 1084 – 2013	大型活动用液晶彩色监视器通用规范	2013/08/26	2013/09/30
61	GA/T 1087 – 2013	道路交通事故痕迹鉴定	2013/08/26	2013/10/01
62	GA/T 1070 – 2013	法庭科学计算机开关机时间检验技术规范	2013/09/30	2013/09/30
63	GA/T 624.3 – 2013	枪支管理信息规范　第 3 部分：枪支型号代码	2013/09/30	2013/09/30
64	GA/T 624.4 – 2013	枪支管理信息规范　第 4 部分：弹药型号代码	2013/09/30	2013/09/30
65	GA/T 1049.4 – 2013	公安交通集成指挥平台通信协议　第 4 部分：交通流信息采集系统	2013/09/30	2014/01/01
66	GA/T 1049.5 – 2013	公安交通集成指挥平台通信协议　第 5 部分：交通违法监测记录系统	2013/09/30	2014/01/01
67	GA/T 1049.6 – 2013	公安交通集成指挥平台通信协议　第 6 部分：交通信息发布系统	2013/09/30	2014/01/01
68	GA/T 1088 – 2013	道路交通事故受伤人员治疗终结时间	2013/10/10	2013/12/01
69	GA/T 1092 – 2013	公安 350 兆模拟集群通信系统互联接口技术规范	2013/10/15	2013/10/15
70	GA/T 449 – 2013	居民身份证术语	2013/10/15	2013/10/15

序号	标准编号	标准名称	批准日期	实施日期
71	GA/T 1107 – 2013	信息安全技术 web 应用安全扫描产品安全技术要求	2013/10/15	2013/10/15
72	GA/T 1105 – 2013	信息安全技术 终端接入控制产品安全技术要求	2013/10/15	2013/10/15
73	GA/T 1106 – 2013	信息安全技术 电子签章产品安全技术要求	2013/10/15	2013/10/15
74	GA/T 72 – 2013	楼寓对讲电控安全门通用技术条件	2013/10/22	2014/01/01
75	GA/T 1090 – 2013	天气状况分类与代码	2013/10/28	2013/10/28
76	GA/T 1049.3 – 2013	公安交通集成指挥平台通信协议 第 3 部分：交通视频监视系统	2013/11/22	2014/01/01
77	GA/T 1093 – 2013	出入口控制人脸识别系统技术要求	2013/12/16	2014/01/01
78	GA/T 1126 – 2013	近红外人脸识别设备技术要求	2013/12/16	2014/03/01
79	GA/T 1127 – 2013	安全防范视频监控摄像机通用技术要求	2013/12/20	2014/01/01
80	GA/T 1128 – 2013	安全防范视频监控高清晰度摄像机测量方法	2013/12/20	2014/01/01
81	GA/T 1130 – 2013	道路交通管理业务自助服务系统技术规范	2013/12/31	2014/02/01

三、指导性文件

序号	标准编号	标准名称	批准日期	实施日期
1	GA/Z 4 – 2013	社会治安预警等级评估规范	2013/03/11	2013/03/11
2	GA/Z 1129 – 2013	公安机关图像信息要素结构化描述要求	2013/12/25	2014/01/01